U0147504

中文版

Illustrator

CS3

本色

快乐启航

迪一工作室 编著

科学出版社
www.sciencep.com

北京希望电子出版社
Beijing Hope Electronic Press
www.bhp.com.cn

内 容 简 介

本书以 Illustrator 最新版本 CS3 为基础，以实用案例为引导，详细为初学者揭示了 Illustrator 的功能与应用。全书共分为 10 章，依次讲解了操作界面、如何绘制图形、如何选取和编辑图形、如何填充和变形图形、如何使用画笔、如何创建和编辑文本、如何使用图表和符号、如何使用蒙版等等方面来介绍和概括。为了促进初学者的学习效率，我们在每个章节都设置了疑难及常见问题。

本书作为一本初级读本，适合从事平面设计、美工设计、动画制作的初学者和爱好者，同时也可以作为高等院校相关专业和各类社会培训班的教学用书。

本书配套光盘内容为书中部分实例素材，源文件及习题答案。

需要本书或技术支持的读者，请与北京清河 6 号信箱（邮编：100085）发行部联系，电话：010-62978181（总机）、010-82702660，传真：010-82702698，E-mail：tbd@bhp.com.cn。

图书在版编目（CIP）数据

中文版 Illustrator CS3 快乐启航 / 迪一工作室著.
北京：科学出版社，2009
（本色系列之快乐本色）
ISBN 978-7-03-023461-2

Ⅰ. 中... Ⅱ. 迪... Ⅲ. 图形软件，Illustrator CS3
Ⅳ. TP391.41

中国版本图书馆 CIP 数据核字（2008）第 184759 号

责任编辑：秦 甲　　　／责任校对：娄 艳
责任印刷：媛 明　　　／封面设计：盛春宇

科 学 出 版 社 出版
北京东黄城根北街 16 号
邮政编码：100717
http://www.sciencep.com

北京市媛明印刷厂印刷

科学出版社发行　各地新华书店经销

＊

2009 年 1 月第 一 版　　开本：787×1092 1/16
2009 年 1 月第一次印刷　印张：18 彩插 4 页
印数：1—3000 册　　　字数：411 996

定价：30.00 元（配 1 张光盘）

秋月

花容璧影相映红
相知续缘
前世良缘今生定
两人的缠绵情乘
相知相诉生生世世
两人的人间情音

爽口啤酒有限公司

成毅 销售经理

电话：000 000 000
邮箱：skpj@mmac.com
网址：www.skpj.com.cn

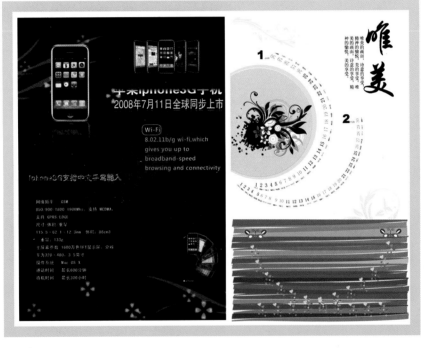

序

这是一套让作者"为难"的丛书，但读者将从中得到更多的收益。

为何这套丛书让作者"为难"了呢？这得从本套丛书的特点说起。

近年来，一些出版社邀请各行业的精英加入图书创作，图形图像软件书籍的实用性和美观性大大提高，这一特点在案例书中尤为突出。不过，浮躁随之而来，对案例精美的追求超过了对技术实用的重视，对软件"设计"的包装掩盖了"只是一个工具"的本质。因此读者面对一本本包装精美的图书，反而不知怎么选择了，尤其是初学者或者摆弄过个把月就想尽快熟练的人遇到了更大的困惑。

为此本书编辑萌发出版一套针对读者入门并跃升到熟练水平需求丛书的想法，不奢谈"设计"，不片面追求"美观"。

这样一套"为难"作者的丛书名叫做"本色"，信奉：

本色的我们，本色的书！

这套丛书有两个系列。系列一为技术读本叫"快乐本色"，书名为"快乐启航"； 系列二为案例读本叫"本色经典"，书名为"经典汇粹"。

系列一是技术读本，具有如下特点。

1．务实

软件就是软件，让浮华的"设计"远离软件的初学者，只讲技术，不谈设计，同时不夸大软件的功能。或许像香烟上的"吸烟有害健康"一样，当你做完某个案例却被告知"非常抱歉，这样的效果通常用某某软件制作起来更简单更方便"。书中老鼠王子是这个方面的发言人。老鼠王子有多种形象。王子婆妈，给出提示或注意事项；王子显宝，给出技巧或经验；王子呲牙，提出警告；王子俏皮，给出省事偷工说法；王子眼泪，给出软件功能秘密。

2．强调视野和解决问题

这是技术读本作者面对的第一道坎。作为一本基础技术书，内容上对软件在各个行业的实际应用层面和用法都要提及，才有助于引领读者更深入地理解和掌握。为了体现这个要求，特设置了"基础应用"和"疑难及常见问题"两节。要写好这两部分内容，作者自身必须成为一个"大家"。

"基础应用"既不会笼统地讲"绘图工具就是用来设计、绘制图案"，也不会逐一地解释功能"矩形工具用来绘制矩形，路径工具用来编辑路径"。下面的内容摘自编辑的一段写作指导。

如果在基础应用部分无话可说或不知道怎么说，第一，检查自己的章节划分是否太细碎或者分类标准混乱了；第二，审视自己是否站在一个综合应用和实际工作需求的高度来看问题。部分作者只能就工具说工具，不会把工具放在整个应用中去说明。

建议大家采用逆向思维：什么情况下需要用到本章的知识？尽可能详细地列出，这样自然就得出需要的东西了。

"疑难及常见问题"处则要求作者努力将读者可能遇到的各种困难都反映出来。

这两点将切实帮助读者解决使用问题，加深理解。

3．强调语言轻松活泼

这是技术读本作者面对的第二道坎。大家提到计算机、图形图像软件书籍时，第一反应就是文字呆板、枯燥、严肃。作者与大多读者一样，都是被这样的书培养和熏陶出来的。现在居然想让这类书的文字轻松活泼起来，这如同赶鸭子上架 —— 难呀！下面同样摘录自一段策划编辑的写作指导，可以看出文字风格转变的艰难。

关于如何轻松快乐的建议：

（1）用形象的语言来描述，可以多用比喻、夸张，尤其是导读、术语解释部分。

（2）多使用情感语言，例如表情叹词、祈使句等。在章节点过渡部分可以突出使用。

（3）可以适当说几句与讲解相关的俏皮话。在案例讲解和大段的知识讲解中可以用到。

系列二是案例读本，具有如下特点。

1．强调分析和图示

这是案例读本作者面对的第一道坎。每个案例都有剖析原理、要点，让读者"知其所以然"。剖析后，利用简单的示意图表示出来。很多作者习惯按某种步骤做出效果，从未深想过为何这样做、做的要点在什么地方，画的示意图要么是步骤截屏，要么就是糊里糊涂不知所云。实际上制作分析不是简单地罗列步骤，它更需要的是技术和解决思路。

2．强调变化和举一反三

这是案例读本作者面对的第二道坎。书中每章案例都设置了"同类索引"，要求作者揭示出同样的主体技术还能做什么，揭示相似案例的差别所在。如果不是"见多识广"，该处难以写作。用作者的话说，这个地方是"写得搜肠刮肚"。但是对读者却有好处，可以通过一个案例学会多种变化。

"为难"作者的作品并不一定可爱，但读者的批评和赞美肯定最可爱。因此当你在阅读中发现任何疑问或者错误，请告知我们。登录www.bhp.com.cn，在"大众书评"及"希望问问"处注册后即可发表评论和提出问题。同时，你也可以通过QQ 603830039 或者发邮件到xiaomuwangshan@163.com联系木头编辑。

木头编辑

前　言

　　Illustrator　CS3 是 Adobe 公司开发研制的一款制作能力强、入手极快的工具，因其功能强大且具有简捷、易操作、易掌握等特点，深受平面设计人员青睐。同时具备了打印可视化功能和输出等强大功能，非设计人员也可以制作出好看的作品，这使得它在众多的平面设计工具中脱颖而出。

　　Illustrator　CS3 中文版是 Illustrator 系列软件中的最新版本，与以前版本相比，Illustrator　CS3 操作更方便，功能更强，效率更高，是继 Illustrator　CS2 之后的又一开发利器，对广大用户的工作必将起到巨大的推动作用。

　　本书旨在还原 Illustrator 作为一款软件工具的特点，一点一点地向读者传授这款软件的操作方法，同时介绍一些操作技巧，帮助初学者迅速提高绘图技能，另外在每章的后边还安排了疑难解答，对初学者在学习过程中经常遇到的一些问题进行了详细的回答。

　　本书由迪一工作室编著，参加本书创作的有卢文晶、侯军兰、丛珊、米华、徐延岗、刘晓瑜、刘云、李保君和李和平等人。由于作者水平有限，加之创作时间仓促，本书难免有不足之处，欢迎广大读者批评指正。

　　另：本书在编写中引用了因特网上的一些资源，并对有明确来源的作品注明了出处，版权归原作者及网站所有，如果您对本书及资料的版权归属存有异议，请您致信，我们会做出答复。

　　我们的邮箱是：yt_diyi2008@126.com

编　者

目 录

第 1 章

初识 Illustrator CS3

本章内容

知识讲解

基础应用——人性化的操作

疑难及常见问题

本 章 导 读

对于已经开始用电脑进行绘图工作和将要用电脑进行绘图工作的我们来说，Adobe公司都不应该是个陌生的名字，其制造了一大批实用的图形图像处理软件，如：Photoshop、PageMaker、Indesign 等。而 Illustrator 正是 Adobe 公司出版的具有里程碑意义的矢量图形处理软件。目前最新版本为 Illustrator CS3，它的功能非常强大且实用，几乎可以创建输出到任何介质的复杂图稿，例如印刷排版、插画绘制、多媒体及 Web 图片的处理和制作等，其灵活准确的颜色控制也是新版本的一个亮点。

1.1 知识讲解

当然，Illustrator CS3 的优点及其作用，用短短的几句话是很难全部囊括的，下面我们就翻开书本一道走进 CS3 这个美丽的矢量图花园。

1.1.1 Illustrator简介

Illustrator CS3 是 Adobe 在 2007 年推出的最新版的 Illustrator 软件，它是 Adobe Creative Suite3 的一个重要组成部分，其中文版已在 2007 年 7 月全面推出。Illustrator 自 20 世纪问世以来，就凭借其强大的功能而备受世界各地平面人员的青睐，并成为广大平面设计师不可或缺的工具之一。

下面我们就从该软件的工作界面入手真正走进 Illustrator CS3 的世界。

1.1.2 Illustrator CS3 的工作界面

启动 Illustrator CS3，并根据需要新建一个文档，即出现如图 1-1 所示的工作界面。

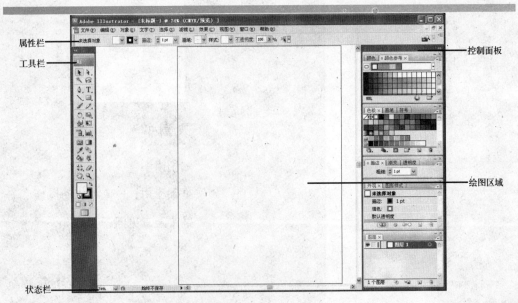

图 1-1　工作界面

Illustrator CS3的工作界面主要由菜单栏、属性栏、工具箱、绘图区域、状态栏和控制面板等组成，这些元素是我们日后运用 Illustrator CS3的必须，下面简要介绍一下他们，更详细的我们将在后几章的学习中进一步阐述。

1. 菜单栏

每一个软件几乎都有菜单栏，大家耳濡目染但没有人对它下定义。就我认识而言，菜单栏就像是一个大仓库，囊括了一个软件的所有工具，在 Illustrator CS3中，如"文件"——用于文件的建立、保存、导入等；"编辑"——用于现执行文件的编辑修改；还有"文字"、"选择"、"滤镜"、"视图"、"窗口"和"帮助"等，具体会在后面章节中介绍。

2. 属性栏

工具属性栏是用来设置工具箱中各个工具的参数，不同的工具所对应的属性栏中的参数设置是不相同的。

3. 工具箱

顾名思义，它就像我们平常手工作画用的工具箱，包含各种用于绘制和编辑图稿的工具，是我们用 Illustrator CS3工作时必不可少的。

4. 绘图区域

设计与绘制图稿的地方，形象地讲就是我们绘画用的一个"本子"其中含有的一张绘图"纸"或一打"纸"。

5. 状态栏

与以上工具不同的是，"状态栏"是为我们的"绘制窗口"服务的，显示当前绘制的图画的相关信息。

6. 控制面板

与"状态栏"相似，它与当前活动的"绘制窗口"息息相关，其主要用于快速访问与"绘制窗口"所选对象相关的选项。

单击"更改屏幕模式"按钮 ，在弹出的快捷菜单中选择合适的屏幕模式，如图1-2所示，也可以通过按F键在不同的模式间切换。

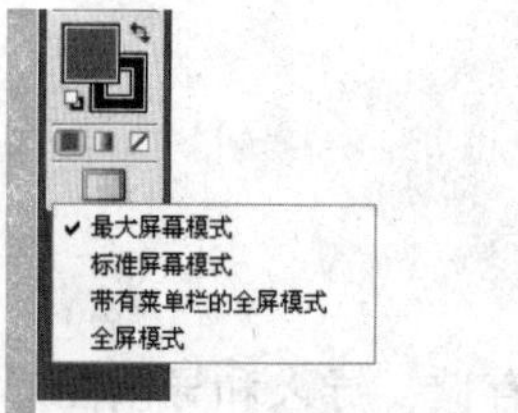

图1-2 更改屏幕模式

四种不同模式都可使绘图窗口最大化，但还是存在很大的不同，具体区别如下。

（1）最大屏幕模式：菜单栏与文档标题栏位于窗口的最顶端，滚动条位于画板的右侧。如图1-3所示。

（2）标准屏幕模式：文档窗口位于工具箱、控制面板及菜单栏所包围的区域，滚动条依然位于画板的右侧。如图1-4所示。

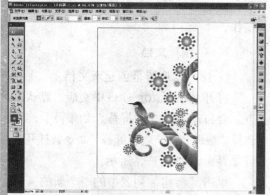

图1-3 最大屏幕显示窗口

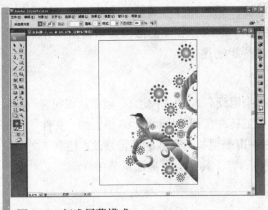

图1-4 标准屏幕模式

（3）带有菜单栏的全屏模式：在全屏窗口中显示图稿，没有标题栏和滚动条，但有菜单栏，如图1-5所示。

（4）全屏模式：图稿全屏显示，菜单栏、标题栏和滚动条都不显示，如图1-6所示。

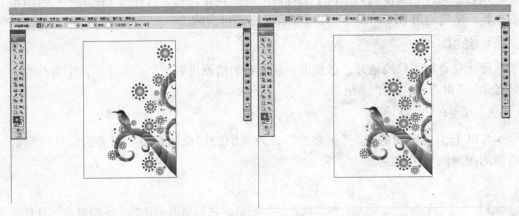

图1-5 带有菜单栏的全屏模式　　　　图1-6 全屏模式

1.1.3 Illustrator CS3 的基本操作

Illustrator CS3 中的基本操作主要包括创建新文档、打开、存储、导入和导出图形文件等，只有熟练了这些基本的操作，才可以畅通无阻地进入 Illustrator 的世界吆！下面我们就来学习一下文档和画板的一些基本操作。

图1-7 欢迎屏幕

1. 创建新文档

（1）使用欢迎屏幕创建新文档

打开 Illustrator CS3 中文版，默认情况下，会自动弹出欢迎屏幕。如果没有，可以选择"帮助"→"欢迎屏幕"命令，打开欢迎屏幕界面，如图1-7所示。

单击"新建"列表中的一个新的文档配置文件，将打开"新建文档"对话框，如图

1-8所示。

图1-8 新建文档对话框

按住Alt键并单击文档名称，可以直接打开新文档，跳过"新建文档"对话框。

(2)创建自定义文档

我们还可以根据设计需要创建自定义文档。选择"文件"→"新建"命令，在弹出的"新建文档"对话框中，键入文档的名称，设置文档的大小、颜色模式、分辨率等，如图1-9所示。

如果已经创建了文档，而文档的尺寸还需要修改时怎么办呢？下面这个法宝可以解决这个问题。选择"文件"→"文档设置"命令，弹出"文档设置"对话框，如图1-10所示，从中可以很方便地指定新设置来修改文档。

图1-9 自定义文档

图1-10 文档设置对话框

(3)从模板创建新文档

Illustrator CS3还提供了一个好功能，即通过模板创建一个共享文档元素的新文档。例如，如果设计一系列外观相似的名片，那么就可以创建一个模板，设置所需的画板大小、分辨率等。模板中还可以包含通用设计元素（如标志），以及颜色色板、画笔和图形样式的组合等。

Illustrator CS3提供了许多模板，包括信纸、名片、信封、小册子、标签、证书、明信片、贺卡和网站等模板。

从模板创建新文档的方法有下面两种。

①选择"文件"→"从模板新建"命令，弹出"从模板新建"对话框，从中选择一个模板，然后单击 新建(N) 按钮。

②选择"文件"→"欢迎屏幕"命令，在"欢迎屏幕"对话框，单击"从

模板"按钮,弹出"从模板新建"对话框,选择一个模板,然后单击 新建(N) 按钮。

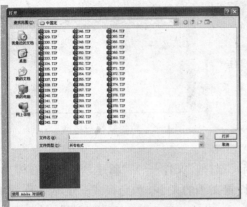

图1-11　打开对话框

图1-12　存储为对话框

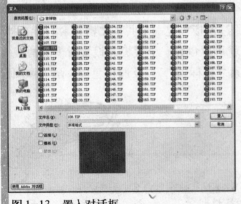

图1-13　置入对话框

2．打开和保存文件

（1）打开文件

除了在前面的"欢迎屏幕"中可以打开文件,还有其他的打开文件的方法。选择"文件"→"打开"命令,或者按下Ctrl+O组合键,弹出"打开"对话框,如图1-11所示。从中选择文件所在的驱动器,双击储存文件的文件夹,选择要打开的文件,单击 打开 按钮或按Enter键,都可以打开所选择的文件。

（2）保存文件

随时保存文件可是很重要的,假如正在工作中,突然停电了或者电脑死机了,而没有保存文件,那心血可是白费了,记住,一定要养成随时保存文件的习惯。

其实操作起来很简单,按下Ctrl+S组合键,或者选择"文件"→"存储"命令,弹出"存储为"对话框。如图1-12所示。选择要保存绘图的驱动器,在"文件名"列表中输入保存的文件名,选择保存类型后,单击"保存"按钮,即可保存文件。

3．导入和导出文件

（1）导入文件

选择"文件"→"置入"命令,是导入的主要方式,它提供有关文件格式、置入选项和颜色的最高级别的支持。

具体操作方法是,选择"文件"→"置入"命令,弹出"置入"对话框,如图1-13所示。选择需要置入的文件,单击 置入 按钮即可。

（2）导出文件

选择"文件"→"导出"命令,弹出"导出"对话框,在"保存类型"下拉列表中提供了13种类型,如图1-14所示。选择文件位置并输入文件名,选择合适的文件类型,单击 保存(S) 按钮即可。

在导出文件时,如此多的保存类型如何区别呢? 仔细看看下面对各类型的介绍吧!

①AutoCAD绘图（DWG）和AutoCAD交换文件（DXF）：AutoCAD 绘图是用于存储AutoCAD 中创建的矢量图形的标准文件格式。AutoCAD 交换文件是用于导出AutoCAD绘图或从其他应用程序导入绘图的绘图交换格式。

②BMP：标准的 Windows 图像格式。

③Flash(SWF)：基于矢量的图形格式，用于交互动画 Web 图形。

④JPEG：常用于存储图像。此格式保留

图1-14 导出对话框

图像中的所有颜色信息，但通过有选择地扔掉数据来压缩文件大小。JPEG格式是在Web上显示图像的标准格式。

⑤Macintosh PICT（PCT）：它与Mac OS 图形和页面布局应用程序结合使用以便在应用程序间传输图像。PICT 在压缩包含大面积纯色区域的图像时特别有效。

⑥Photoshop（PSD）：标准 Photoshop 格式。如果图稿包含不能导出到 Photoshop格式的数据，IllustratorCS3 可通过合并文档中的图层或栅格化图稿，保留图稿的外观。因此，图层、子图层、复合形状和可编辑文本可能无法在 Photoshop 文件中存储，即使选择了相应的导出选项。

⑦PNG：用于无损压缩和 Web 上的图像显示。与 GIF 格式不同，PNG 格式支持24 位图像并产生无锯齿状边缘的背景透明度；但是，某些 Web 浏览器不支持PNG图像。PNG 保留灰度和RGB 图像中的透明度。

⑧Targa(TGA)：设计以在使用 Truevision® 视频板的系统上使用。

⑨TIFF（标记图像文件格式）：用于在应用程序和计算机平台间交换文件。TIFF是一种灵活的位图图像格式，绝大多数绘图、图像编辑和页面排版应用程序都支持这种格式。大部分桌面扫描仪都可生成 TIFF 文件。

⑩文本格式(TXT)：用于将插图中的文本导出到文本文件。

⑪Windows图元文件(WMF)：Windows应用程序的中间交换格式。几乎所有Windows绘图和排版程序都支持WMF格式。但是，它支持有限的矢量图形，在可行的情况下应以 EMF 格式代替 WMF 格式。

4. 面板的基本操作

学习了文件的基本操作，下面要着重学习一下面板的相关知识，这是决定文件的打印输出是否完美的关键因素。

首先来认识一下画板，如图1-15所示，绘图区域中被黑色实线包围的区域通常被称为"画板"，它是包含可打印图稿的整个区域，虚线内部为可打印区域，虚线的显示与否可通过"视图"→"显示／隐藏页面拼贴"命令进行控制。从而可知画板并不需要与打印区域大小一致。

图 1-15　认识画板

　　但是在此大家要注意一点，若选择打印区域大于画板区域，那么画板以外的图像是否就可以被打印出来了呢？答案是否定的。

　　打印区域小于画板时，打印区域内的图像将被打印，画板内打印区域外的图像不被打印；打印区域大于画板时，画板内的图像将被打印，画板外打印区域内的图像将不被打印。由图 1-16 和 1-17 我们就可以一目了然地了解这一点。

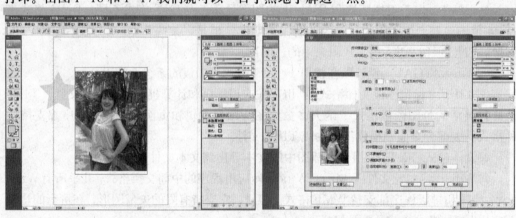

图 1-16　打印区域小于画板

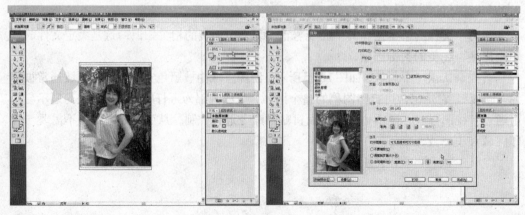

图 1-17　打印区域大于画板

1.1.4 图形的基本分类

为了方便日后的学习，我们在此将图形的概念给大家明确一下。在计算机绘图领域，所谓图形一般是位图和矢量图的总称，而完全不同于数学领域的将方、圆、三角形和菱形等几何图形统称成为"图形"的概念。位图和矢量图是计算机描述和显示图像的两种不同方式。

1. 位图

位图技术上称为栅格图像，在计算机图形学中也叫做点阵图。顾名思义，点阵图是由许多像素点组成的，其像素点排列形状为矩形。而且，对于每一个像素，都有其特定的坐标和颜色值。在实际输出中由于许多设备都是以点阵方式打印图像，如：激光打印机、喷墨绘图仪等，所以点阵图特别适合用这些设备输出。这些图片若是以正确的分辨率来看就合并在一起显示为完整的图像，但若是放大到一定程度就可以看到图像边缘的锯齿，如图1-18所示。但如果为了增加其质量而增加分辨率，位图所占的空间就会很大。

2. 矢量图

无论怎样放大、缩小或者更改其颜色都不会看到像位图那样的小方格，而是保持其固有的清晰度，如图1-19所示。其清晰度和分辨率毫无关系，在其编辑过程中主要是通过锚点和路径编辑它的形状。因此矢量图是表现图形的最佳选择。

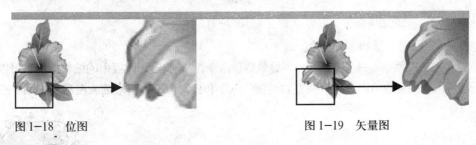

图1-18 位图　　　　　　　　　　　　　　　　图1-19 矢量图

1.1.5 图形的缩放和移动

在绘制图形的过程中，我们经常要放大图形，便于绘制细节，也需要缩小视图，观察整体效果，还要不时移动图形，具体怎样进行这些操作呢？其实方法有很多种，在下面选择你最喜欢的方法吧！

1. 缩放视图

(1)使用缩放工具

选择工具箱里"缩放工具"，然后在视图中单击，可将视图放大到上一个预设的百分比；按住 Alt 键单击鼠标，则缩小至下一个预设的百分比；如果在选择"缩放工具"后，框选某个区域就是对这一区域的局部放大，其区域将被缩放至全屏；如果双击工具条上的"缩放工具"，视图将被100%显示。

(2)使用抓手工具

双击工具箱里的"抓手工具"可以使图稿满屏显示。

(3)使用菜单栏命令和键盘快捷键

在"视图"菜单中提供了放大和缩小的命令，如图1-20所示，并且在菜单命令的右侧列出了相应的快捷键。

(4)使用状态栏

在状态栏中有一个缩放级别列表,如图 1-21 所示,可以从中选择合适的缩放级别,也可以手动输入缩放的百分比并按下 Enter 键,就可进行相应的缩放。

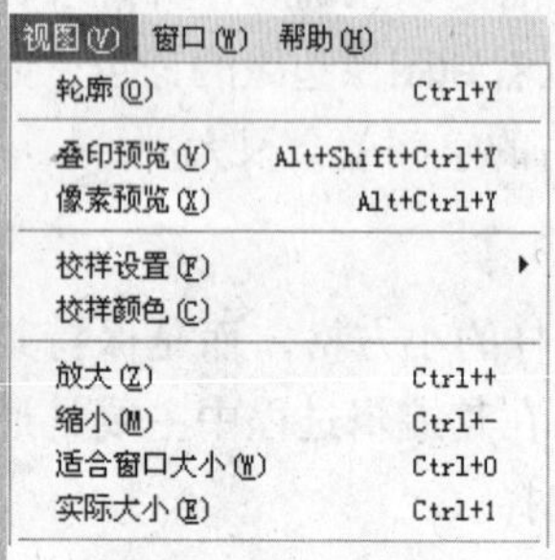

视图(V) 窗口(W) 帮助(H)	
轮廓(O)	Ctrl+Y
叠印预览(V)	Alt+Shift+Ctrl+Y
像素预览(X)	Alt+Ctrl+Y
校样设置(F)	▶
校样颜色(C)	
放大(Z)	Ctrl++
缩小(M)	Ctrl+-
适合窗口大小(W)	Ctrl+0
实际大小(E)	Ctrl+1

```
6400%
4800%
3200%
2400%
1600%
1200%
800%
600%
400%
300%
200%
150%
100%
66.67%
50%
33.33%
25%
16.67%
12.5%
8.33%
6.25%
4.17%
3.13%
满画布显示
25%
```

图 1-20　菜单选项命令 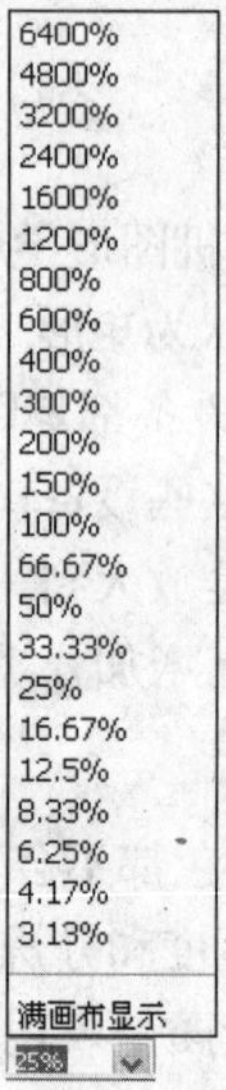　　　　　　图 1-21　缩放列表

(5)使用"导航器"面板

选择"菜单"→"窗口"→"导航器"命令,"导航器"面板中的缩放滑块也可以快速缩放视图。另外也可以使用滑块左右两侧的缩小和放大视图按钮来缩放视图,如图 1-22 所示。

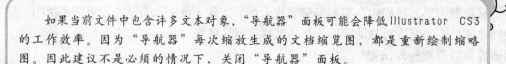

如果当前文件中包含许多文本对象,"导航器"面板可能会降低 Illustrator CS3 的工作效率。因为"导航器"每次缩放生成的文档缩览图,都是重新绘制缩略图。因此建议不是必须的情况下,关闭"导航器"面板。

图 1-22　缩放视图

2．移动视图

在日常绘图的操作中，绘制和编辑图稿时经常需要移动视图。移动视图的方法基本上有两种，具体如下。

(1)使用"抓手工具" 。选择工具箱里的"抓手工具" ，然后按住鼠标左键向移动的方向拖动即可。

(2)使用"导航器"面板。在"导航器"面板中，拖曳红色方框，显示需要的区域，如图1-23所示。

图1-23 移动视图

1.1.6 使工作智能化

怎样让软件更好地为我们服务呢？做好下面的准备工作，就一劳永逸喽！

1．存储策略

不要小看存储图像，只有做好了存储工作，才能为以后的工作做好铺垫，才会无后顾之忧。

要养成保存每个图形文件的好习惯。将一个文件保存好，首先得起一个有意义的名字，比如"可爱的卡通猫咪"、"星星图案"等，看到名字我们就会想到绘制时的乐趣，也知道是哪个图形了。

有了名字还要将它们保存到目标文件夹中并在文件中注明日期，如图1-24所示。有必要时，还要注明软件的版本，如图1-25所示。这样就能很方便就找到需要的文件了。

保存好原文件，是不是觉得不用担心了？觉得随时都可以调出来用，那是还没有遇到下面这些情况，使用的电脑打不开了——是电脑中病毒了？还是程序坏了？所有的作品还在电脑中呀！呵呵，再教一招，把重要的文件随时备份，可以存储到移动硬盘、别的电脑中，或者干脆刻录一张CD、DVD，这样就万无一失了。

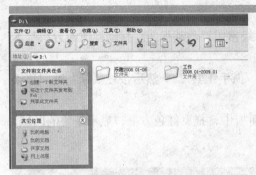

图1-24　保存在目标文件夹中　　　　　　　图1-25　注明软件的版本

2．还原操作

就是神枪手发射子弹，也未必百发百中，我们绘制图形的过程中，也会有失误的时候，如何纠正失误呢？Illustrator CS3给我们提供了一个"法宝"，可以"无限制地撤消"操作，快捷键是Ctrl+Z。比如我们要将绘制的同心圆解散重新排列，多次按Ctrl+Z键撤消原来的操作，又返回到同心圆图形状态，如图1-26所示。

图1-26　还原操作

　　　　撤消操作也有失灵的时候，就是一旦关闭文件，再次打开这个文件时就不可再撤消原来的操作了。

3．改变视图模式

在Illustrtor CS3中，提供了2种视图模式——"预览"模式和"轮廓"模式，按下Ctrl+Y快捷键可以在这两种模式之间切换，或者在"视图"菜单中选择对应的视图模式。

"预览"视图模式可以看到全色的文件，而"轮廓"视图模式只能看到对象的线条框架，如图1-27所示。

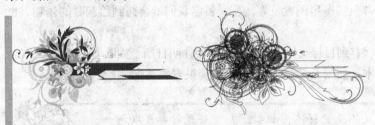

图1-27　预览和轮廓模式

4．显示和隐藏选项

在"视图"菜单中，我们可以快速地显示和隐藏一些工具，例如网格、参考线、智能参考线、透明网格、画板等，呵呵，操作起来很简单，直接选择对应的命令就可以了，如图 1-28 所示。

图 1-28 视图菜单

1.2 基础应用——人性化的操作

Illustrator CS3 是全球最著名的矢量图形软件，它强大的功能和简洁的界面设计风格都是其他同类软件所无法比拟的！进入软件后对 Photoshop 熟悉的朋友会感到非常的亲切，它的布局和 Photoshop 非常相似，并且快捷方式也有很大相似处，这对专业人士很有用，再也不用记住两套不同的工具箱布局和快捷键了。

在 Illustrator CS3 软件中提供了很多人性化的操作哦！

1.2.1 自定义快捷键

大家出差或旅游，首选的应该是乘坐飞机吧，速度快、能节省时间。同样，我们在设计作品时，要使用快捷键，因为能有效地提高效率。软件默认的快捷键，大家要多加练习、试验，就可以记住啦。呵呵，Illustrator CS3 中还可以自定义快捷键，这样更容易记住并应用了。

选择"编辑"→"键盘快捷键"命令，打开"键盘快捷键"对话框，如图 1-29 所示，就可以开始设置自己喜欢的快捷键了，在左上角的下拉列表中选中"工具"或"菜单命令"，在列表框中单击对应的快捷键设置区域，输入新的快捷键就可以了。

图 1-29 设置快捷键

1.2.2 整理个性化的界面

默认的工作界面左侧显示的是工具箱，右侧显示的是常用的选项面板，如图 1-30 所示。而在 Illustrator CS3 中，操作更加人性化了，单击工具箱和面板上方的折叠图标，可以将他们折叠存放，这样工作界面就"宽敞"了。

按下 Tab 键可以将工具箱和面板整体隐藏，如图 1-31 所示。按下 Shift+Tab 组合键则只隐藏选项面板，也可以将工具箱和面板拖曳到工作区域的任何位置，只要能方便工作，界面任意你调整。

自由调整界面过了一把瘾，但有时是不是还想返回默认的界面布局呀？嘿嘿，方法很简单，选择"窗口"→"工作区"→"基本"命令，界面乖乖地返回到原始状态了吧。

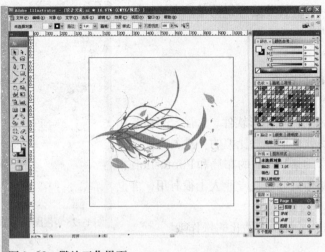

图 1-30　默认工作界面

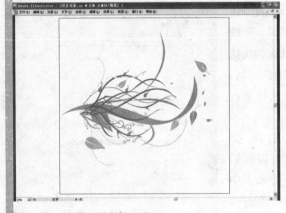

图 1-31　隐藏工具箱和面板

1.3　疑难及常见问题

图 1-32　欢迎界面

1.如何禁用欢迎界面

Illustrator CS3 中新的欢迎界面可以帮助用户快速地开始工作,如图 1-32 所示。

每次打开 Ai 时总弹出这一欢迎界面,再关闭非常麻烦了。其实要想让它一直都不要出现,很简单,只要选中欢迎界面左下角的"不再显示"复选框,该界面就不会自动出现了。选择"帮助"→"欢迎屏幕"命令则可以重新显示欢迎界面。

2.如何查看有多少还原次数

按下 Ctrl+Z 组合键就可进行还原操作，但想知道一共可以还原多少次吗？其实方法很简单，设置一个选项就可以了。单击状态栏中的按钮，在弹出的面板中选择"显示"→"还原次数"命令，这时在状态栏中就有还原次数，如图 1-33 所示。

图 1-33 还原次数

3.怎样快速设置缩放率

做任何事，采用方便快捷的方法，肯定是事半功倍。用快速的缩放方法查看图形，可以提高工作效率吆！按下 Ctrl+- 组合键可以快速缩小视图，按下 Ctrl++ 组合键可以快速放大视图，按下 Ctrl+0 组合键可以按当前窗口大小显示图形，按下 Ctrl+1 组合键可以使图形 100% 显示，也就是按照实际大小显示图形。呵呵，不要觉得这些快捷键恐怖呀；只要多加练习，很容易就记住的。

4.如何设置参考线

在 Illustrator CS3 中可以显示标尺，可以设置标尺的单位、原点的位置以及参考线的位置。参考线就像茫茫大海中的指南针，引领我们设计出标准的作品。如制作一个杂志的封面，首先用参考线标出封面、封底的具体大小和位置，有了参考线的帮助，是不是很容易就准确地定位了对象的位置？现在让我们来看看下面的方法吧，操作起来很简单的。

(1)设置标尺的单位和原点

按下 Ctrl+R 组合键可以快速地显示或隐藏标尺，用鼠标右击标尺，在弹出的快捷菜单中选择合适的单位，如图 1-34 所示。

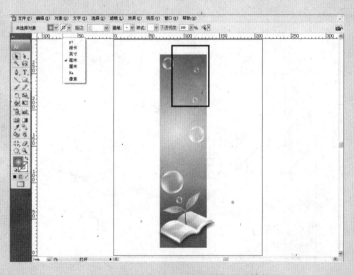

图 1-34 显示标尺并设置单位

在 Illustrator CS3 中标尺的原点（0，0）一般位于图形的左下角，要改变标尺的原点，将鼠标放置到标尺的左上角，按住并拖曳鼠标，将出现的十字线放置到想要的位置处，释放鼠标即可。呵呵，如果又需要默认的原点位置，只需双击标尺的左上角就可以了，如图1-35所示。

(2)设置参考线

1)创建参考线。我们首先学习创建水平或垂直参考线，在标尺处按住并拖曳一个标尺至图形中，鼠标释放的地方便会出现参考线，如图1-36所示。

 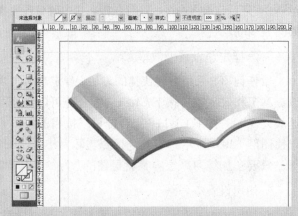

图1-35　设置标尺原点位置　　　　　　　　图1-36　创建参考线

2)解除锁定参考线。默认的状态下，参考线是锁定的，右键单击参考线，在弹出的菜单中选择"锁定参考线"命令，即可在锁定与解除锁定之间切换，如图1-37所示。解除锁定的参考线，我们就可以进行移动和删除操作了。

在一个图像中我们创建了很多条参考线，有时候很影响操作，这时我们可以将它们藏起来！按下Ctrl+；组合键就可以了。

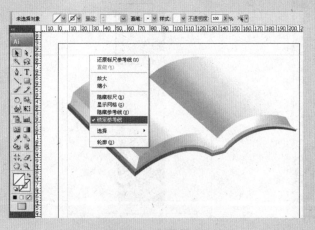

图1-37　解除锁定

3)建立参考线

我们可以将绘制的图形建立为参考线，选中一个绘制好的图形，按下Ctrl+5组合键即可。

4)释放参考线。

按住 Shift+Ctrl 组合键的同时，双击参考线即可释放参考线。或者先解除锁定，然后右键单击参考线，在弹出的菜单中选择"释放参考线"命令。

我们释放了参考线，下面可以进行什么操作呢？呵呵，可以旋转、移动后创建参考线。

如图 1-38 所示，我们释放了参考线，此时处于选中状态，将鼠标放置到控制点位置，出现旋转图标。旋转并移动到合适的位置，如图 1-39 所示。然后单击右键，在弹出的菜单中选择"建立参考线"选项，效果如图 1-40 所示。

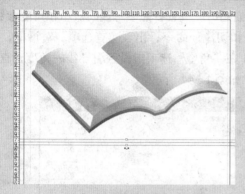

图 1-38 释放参考线

图 1-39 旋转参考线

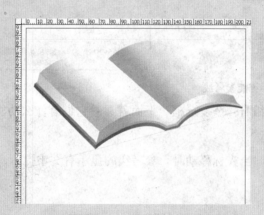

图 1-40 建立参考线

5)设置参考线的颜色和样式

选择"编辑"→"首选项"→"参考线和网格"命令，打开"首选项"对话框，从中可以设置参考线的颜色和样式，如图 1-41 所示。

5.如何设置网格

除了参考线，还有一个重要的"武器"——网格。我们绘制精确的抛物线、标志图形时，网格工具就是我们的好帮手。

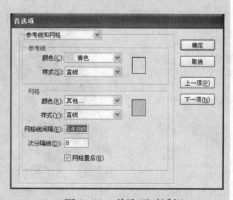

图 1-41 首选项对话框

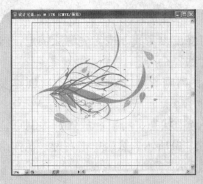

图1-42 显示网格

按下Ctrl+"组合键，可以在显示和隐藏网格之间切换，网格的显示状态如图1-42所示。网格同样可以设置颜色与样式，与参考线的方法一样。

6.怎样应用智能参考线

智能参考线高明在何处呢？其实就是让绘制的图形以参考线的形式展现在我们面前。按下Ctrl+U组合键显示智能参考线，当光标移动至对象上，对象会显示蓝色边框，呈现浮动显示，如图1-43所示。

我们还可以设置智能参考线的显示和角度参数，选择"编辑"→"首选项"→"智能参考线和切片"命令，出现"首选项"对话框，在"显示选项"选项组设置参考线的显示状态；在"角度"选项组设置引导线的角度，直接在下拉列表中选中合适的角度值就可以了，如图1-44所示。

图1-43 智能参考线

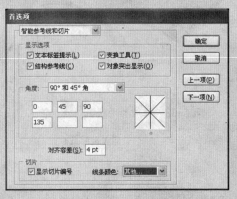

图1-44 首选项对话框

在"显示选项"组有4个复选框，下面就看看它们有什么功能吧。

(1)文本标签提示

选中这个选项后，当光标移动时，参考线的显示有文字提示，如路径、中心、锚点等，如图1-45所示。

(2)结构参考线

使用"钢笔工具"绘制路径，在锚点上引导时，会出现0°、45°和90°三种引导线，用来帮助精确作图，如图1-46所示。

图1-45 文字提示

图1-46 引导线的显示

(3)变换工具

使用"变换工具" 时，会提示变换时的一些数据，便于精确转换，如图1-47所示。

图1-47　使用变换工具时

(4)对象突出显示

当光标移动至对象上，对象会显示蓝色边框，呈现浮动显示。

1.4　习题与上机练习

1．选择题

(1) 位图技术上称为(　　)图像，就是在计算机图形学中也叫做点阵图。

　(A)　删格　　　(B)　栅格化　　　(C)　矢量　　(D)　光栅

(2) Illustrator CS3 有(　　)种不同的全屏模式，方便我们查看图形的整体效果。

　(A) 1　　　　(B) 2　　　　(C) 3　　　　(D) 4

(3) 无限制地撤消操作的快捷键是 Ctrl+(　　)。

　(A) S　　　　(B) B　　　　(C) Z　　　　(D) A

(4) 切换"预览"模式和"轮廓"模式的快捷键是 Ctrl+(　　)。

　(A) C　　　　(B) Y　　　　(C) D　　　　(D) K

(5) 按下 Ctrl+(　　)适合当前窗口大小显示图形，按下 Ctrl+1 图形 100% 显示。

　(A) 0　　　　(B) 1　　　　(C) 2　　　　(D) 3

(6) 按下 Ctrl+(　　)组合键可以快速地显示／隐藏标尺。

　(A) R　　　　(B) S　　　　(C) T　　　　(D) V

(7) 按下 Ctrl+(　　)组合键显示智能参考线。

　(A) A　　　　(B) P　　　　(C) U　　　　(D) D

(8) 如果双击工具条上的缩放工具，视图将被(　　)显示。

(A) 20%　　　　　(B) 50%　　　(C) 75%　　　(D) 100%

2．问答题

(1)如何还原多次操作?

(2)怎样快速缩放图形?

(3)怎样应用智能参考线?

3．上机练习题

(1)进一步熟悉 Illustrator CS3 界面。

(2)认识位图与矢量图之间的区别。

(3)练习参考线、智能参考线以及网格的显示和使用。

第 2 章
图形的绘制

本章内容

实例引入——绘制标志图案

基本术语

知识讲解

基础应用——使用几何形状的乐趣

案例表现——桌面壁纸

疑难及常见问题

习题与上机练习

本 章 导 读

前面我们对Illustrator CS3软件有了初步的认识，要做出精美的作品我们还得开始长征第二步——学习如何绘制最基本的线条、几何图形等。

Illustrator CS3为我们提供了很多工具，从直线工具、矩形工具到星形工具再到可以随手乱画的自由画笔工具。这些工具就是开启Illustrator CS3的第一把钥匙，掌握了它们，我们就能够开始在别人的墙上或者脸蛋上画东西了——只不过是电脑中虚拟的墙或者人像资料，呵呵。

来吧，让我们从绘制一个简单的标志图案开始吧！

2.1 实例引入——绘制标志图案

首先看图2-1，这就是我们需要绘制的东西。设计师或许花了很长的时间才在脑袋里或者草纸上"孕育"出它。我们现在要做的是利用Illustrator CS3做一回"接生婆"，把它实现出来！

2.1.1 制作分析

这个标志图案由黑色背景、红色"∧"、橙色圆环、螺旋线组成。要制作出来很简单：粗轮廓和简单的覆盖叠加。黑色背景就是一个白色矩形加粗轮廓并被黑色矩形覆盖中心。红色"∧"以同样方法——红色三角形上叠加一个黑色三角形。橙色圆环就是不填充色彩的粗轮廓圆，如图2-2所示。

图2-1　标志图案

图2-2　标志图案示意图

2.1.2 制作步骤

01 绘制黑色框背景。选择工具箱中的"矩形工具" ▢，在绘图区域按住并拖动鼠标绘制一个矩形图形。在属性栏中如图2-3所示的"描边"下拉列表中选择"7pt"选项，设置矩形的轮廓线宽度。在属性栏设置矩形的填充颜色为白色，轮廓线颜色为黑色，效果如图2-4所示。

图2-3 设置矩形轮廓线宽度

图2-4 填充白颜色

02 叠加一个矩形。选择"矩形工具" ，按住 Alt 键，在已有矩形中心点拖曳鼠标绘制矩形，绘制一个同心矩形。接着按步骤1的方法为矩形填充黑色，如图2-5所示。

03 绘制红色三角形。选择"多边形工具" ，在绘图区域单击鼠标，弹出"多边形"对话框，如图2-6所示，设置"半径"为"15mm"，"边数"为"3"，单击 确定 按钮，得到三角形图形。将其填充为红颜色，选择"选择工具" ，将红色三角形选中拖放到如图2-7所示的位置。

图2-5 绘制并填充矩形

图2-6 "多边形"对话框

图2-7 绘制三角形

04 叠加一个黑色三角形。选择"选择工具" ，单击选中红色三角形，按住 Alt 键并拖曳鼠标，复制一个三角形副本。然后将鼠标指针放置到边界框角点，鼠标指针变为双箭头形状，向内拖动控制手柄将三角形缩小并填充黑色，放置到如图2-9所示的位置。

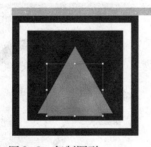

图2-8 复制图形

图2-9 填充图形为黑色

05 绘制圆环。选择"椭圆工具" ，按住 Shift 键的同时鼠标左键在图像窗口中绘制圆形。在属性栏设置圆形的轮廓线宽度为"9pt"，填充色为无，轮廓线颜色为橘黄，得到的效果如图2-10所示。

06 绘制螺旋线。选择"螺旋线工具" ，绘制螺旋线图形，并在属性栏设置轮廓线宽度为"2pt"，颜色为白颜色，如图 2-11 所示。

图 2-10　绘制圆形　　　　　　图 2-11　绘制螺旋纹图形

　　绘制标志图案的过程中，应用到一些工具还有图形的填充和复制方面的知识，如果看不明白，请带着问题学习本章的基础知识，会找到明确答案的。

2.2　基本术语

　　在上面实例里我们巧妙地用"轮廓"完成了类似环形图形的创建，同时还接触到了"属性栏"、"描边"等词汇。要灵活地绘制出图形，还将用到"路径"、"锚点"、"平滑度"等，下面就来学习这些术语的含义。

2.2.1　路径

　　如果是 Photoshop 软件的用户，对路径相关的知识就很容易掌握了，它们之间的定义以及绘制方法大同小异，有很多相同点。

　　Illustrator CS3 中的路径实际指的就是线条，它可以由一段或多段直线、曲线组成。线段的起始点和结束点由锚点标记。通过编辑路径的锚点，可以改变路径的形状。也可以通过拖动方向线末尾类似锚点的方向点来控制曲线，如图 2-12 所示。

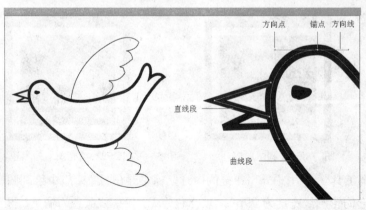

图 2-12　路径的组成

使用钢笔工具组中的工具绘制的曲线，又被称为贝塞尔曲线。贝塞尔曲线是Illustrator CS3的核心和灵魂，它是组成不规则图形的法宝。认识到它的重要性，就要在学习中加强这方面的练习哟。请参阅本章针对钢笔工具组讲解的知识点内容。

2.2.2　锚点

锚点就是线段的端点。那所有的锚点是不是一样的特征呢？相信大家看了下面详细的讲解，就一目了然了。

锚点分为 3 种类型，即直角锚点、平滑锚点和拐角锚点，如图 2-13 所示。

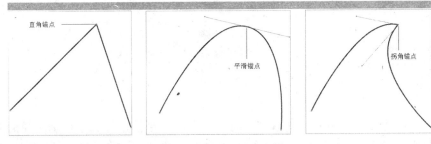

图 2-13　锚点的类型

1．直角锚点：两侧都是直线段，没有方向线的锚点。

2．平滑锚点：连接两段连续平滑曲线，具有两个方向线的锚点。移动平滑锚点上的方向线，可以同时调整该锚点两侧的曲线段。

3．拐角锚点：连接两段曲线，具有两个调整方向但互不影响的方向线的锚点。调整拐角锚点的一个方向线另一个方向线不发生变化。

2.2.3　属性栏

属性栏就是工具的使用参数设置栏。不同的工具具体参数设置选项不尽相同。

如图 2-14 所示为"矩形工具"■和"直接选择工具"▶的属性栏。

矩形工具属性栏

直接选择工具属性

图 2-14　属性栏

2.2.4　保真度

双击工具箱中的"铅笔工具"✎、"平滑工具"✎ 或者"画笔工具"✎，均可弹出对应的工具对话框，在这些对话框中有一个"保真度"选项，如图 2-15 所示。

保真度就是用来控制实际得到的路径与鼠标移动轨迹的相似程度，它通过影响路径锚点的生成距离来产生作用。设置的数值越小，组成路径的节点越多，路径越与移动轨迹相合；设置的数值越大，组成路径的节点越少，路径与移动轨迹相差就越大，如

图 2-16 所示。

图 2-15 对话框

保真度为2像素   保真度为20像素

图 2-16 曲线节点的对照图

2.2.5 平滑度

如图 2-15 所示，均有"平滑度"选项，平滑度是用于控制路径的光滑程度。值越高，路径就越平滑；值越低，创建的锚点就越多，得到的线条折线就多。

2.3 知识讲解

术语或许是空洞的，呵呵，现在我们就拿"武器"来画吧！

2.3.1 绘制直线

如果想绘制一条水平线段或垂直线段，或者任意角度的直线段，应该怎么办呢？呵呵，不用着急，下面介绍的"直线段工具" 就可以解决这个问题。

按 \ 键或者选择"直线段工具" ，可以绘制直线段。

在工具箱中，部分工具按钮右下角有黑色三角形标志，表示该工具包含一个工具组。例如将鼠标放置到"直线段工具" 按钮上，按住鼠标左键不放，即可弹出工具组面板，从中可以选中合适的工具；也可以将鼠标放置到工具组面板的最右侧，单击"拖出"按钮，将工具组面板独立地显示在工作区域。

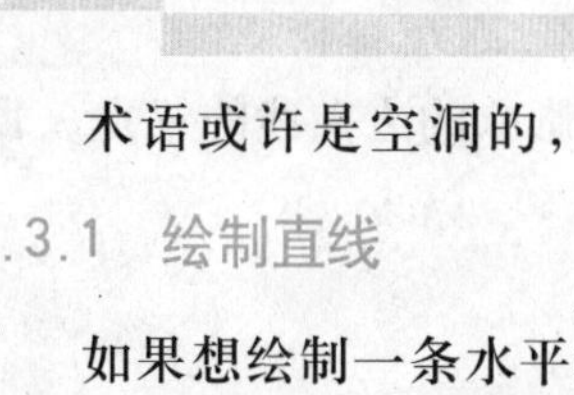

图 2-17 绘制直线段

1．任意直线

按住鼠标左键并拖曳即可绘制任意方向的直线，如图 2-17 所示。

2．倍角直线

按住 Shift 键的同时按住鼠标左键拖曳，可以绘制0°、45°、90° 等直线段，如图 2-18 所示。

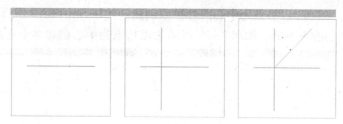

图2-18 绘制水平、垂直和45°角的直线段

3. 以起点为中心向两端发射的直线

按住Alt键的同时按住鼠标左键拖曳，可以绘制以起始点为中心、向两边扩展的直线段。如图2-19所示。只要勤于思考，使用此种方法还可以绘制出更多精彩的对称图形。

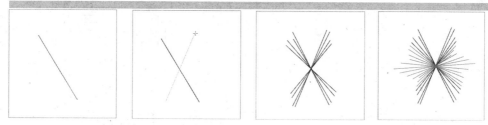

图2-19 绘制以起点为中心向两端发射的直线

4. 既定长度和角度的直线

在绘图区域单击鼠标，弹出"直线段工具选项"对话框，如图2-20所示。在该对话框中设置"长度"和"角度"的具体数值，然后单击

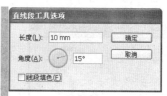 按钮，即可得到精确的直线段。

图2-20 "直线段工具选项"对话框

使用"直线段工具"绘制直线段的同时，按住键盘区域的空格键可以移动直线段的位置。双击工具箱中的"直线段工具"也可以打开"直线段工具选项"对话框。

2.3.2 绘制矩形

这里的"矩形"包括长方形和正方形，使用"矩形工具"来绘制。

按M键或者单击工具箱中的"矩形工具"，可以创建矩形。

1. 任意矩形

在绘图区域单击确定起始点，接着拖曳鼠标到结束点并释放鼠标，得到绘制的矩形，如图2-21所示。

2. 正方形

(1)从顶点到顶点创建：按住Shift键绘制矩形，得到正方形。

(2)以一点为中心向外扩散创建：按住 Shift+Alt 组合键绘制矩形，得到以起点为中心的正方形。如图 2-22 所示为以起点为中心创建多个正方形。

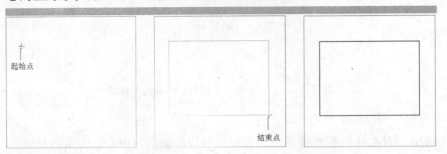

图 2-21　绘制矩形

图 2-22　绘制正方形

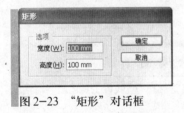

图 2-23　"矩形"对话框

3．既定尺寸的矩形

在绘图区域单击鼠标或者双击工具箱中的"矩形工具"，弹出"矩形"对话框，如图 2-23 所示。在该对话框中设置"宽度"和"高度"数值，即可得到精确数值的矩形或者正方形。

2.3.3　绘制圆角矩形

"圆角矩形"就是角部为圆弧的矩形，利用"圆角矩形工具"可以绘制。

相比之前矩形的绘制，唯一的不同点就是增加了圆角半径设置。选择"圆角矩形工具"，在绘图区域单击鼠标，弹出"圆角矩形"对话框，如图 2-24 所示。此对话框可以设置矩形的宽度、高度和圆角半径。如图 2-25 所示为"宽度"和"高度"均为"50ｍｍ"、"圆角半径"为"5ｍｍ"的圆角矩形。

学到这大家应该对 Shift 键和 Alt 键有点认识了吧? 呵呵，它们可常用着呢：绘图中 Shift 键用来限制角度、比例等，Alt 键则实现从中心往外扩展，它们可以单独用也可以组合起来用。重复说是很累的，哈哈，以后在讲解椭圆工具、多边形工具等时就不再赘述了哟。

图2-24　"圆角矩形"对话框　　　图2-25　圆角矩形

2.3.4　绘制椭圆

只要学会了绘制矩形，那就会绘制椭圆了。"矩形工具"▣和"椭圆工具"◯的使用方法是一样的。

下面我们通过绘制一个邮票锯齿图形来共同领略这两种工具的应用。

（1）绘制矩形。选择"矩形工具"▣，按下D键，还原默认的填充色和描边，绘制矩形，如图2-26所示。

（2）绘制圆形。选择"椭圆工具"◯，按住Shift键绘制圆形，如图2-27所示。

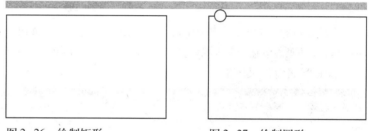

图2-26　绘制矩形　　　　　图2-27　绘制圆形

（3）复制圆形。选择"选择工具"▶，单击选中圆形。按住Shift+Alt组合键，按住鼠标左键向右拖移圆形，沿着水平方向复制一个圆形，如图2-28所示。

（4）重复复制圆形。按下Ctrl+D组合键多次，复制圆形，如图2-29所示。

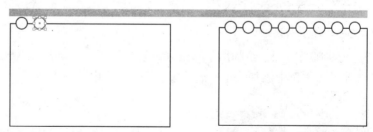

图2-28　复制圆形　　　　　图2-29　多次复制圆形

（5）选中并复制圆形。按住Shift键，使用"选择工具"▶依次单击圆形，将所有的圆形选中。按住Shift+Alt组合键，按住鼠标左键向下拖移圆形，在垂直方向上复制圆形，如图2-30所示。

（6）以同样的方法绘制圆形。按照步骤2~5的方法，绘制纵向圆形，如图2-31所示。

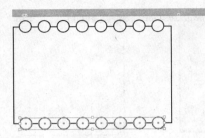

图 2-30　复制多个圆形

图 2-31　绘制圆形

(7)圈选图形。用"选择工具" 圈选所有的图形，如图 2-32 所示。选择"窗口"→"路径查找器"命令，弹出"路径查找器"面板，如图 2-33 所示。

图 2-32　绘制矩形

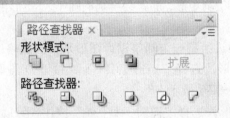

图 2-33　绘制圆形

(8)相减路径。单击面板中的"与形状区域相减" 按钮，得到相减后的路径。单击面板中的 扩展 按钮，然后单击绘图区域空白处，取消对图形的选择，则看到如图 2-34 所示的邮票锯齿效果图形。

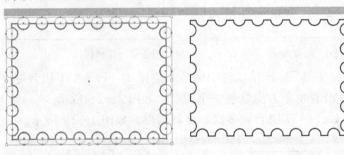

图 2-34　锯齿效果

(9)邮票效果。绘制出了邮票锯齿效果的图形，现在可以导入合适的图像，来完美邮票效果。本例中添加的是一副宝宝的照片，如图 2-35 所示。

图 2-35　邮票效果

2.3.5　绘制多边形

使用"多边形工具" 可以绘制任意的多边形。具体方法：在绘图区域单击鼠标左键弹出如图 2-36 所示的"多边形"对话框，在"边数"文本框中输入边数，在"半径"文本框中输入半径值，即可绘制一个任意的多边形，如图 2-37 所示。

图2-36　"多边形"对话框　　　图2-37　绘制任意多边形

2.3.6　绘制星形

选择"星形工具" ☆，在绘图区域单击鼠标左键，弹出图2-38所示的"星形"对话框，在"半径1"文本框中输入内半径的数值，在"半径2"文本框中输入外半径数值，在"角点数"文本框中输入边数，即可绘制一个任意的星形，如图2-39所示。

图2-38　"星形"对话框　　　　　　　图2-39　绘制任意星形

2.3.7　绘制光晕效果

Illustrator CS3还有一个神奇的工具——"光晕工具" ，这个工具能创建具有明亮中心、光晕、射线及光环的光晕对象。

在绘图区域单击鼠标左键，绘制光晕图形，同时弹出如图2-40所示的"光晕工具选项"对话框。从中可以设置光晕的直径、不透明度、射线大小及数量、路径和方向等参数。选中"预览"复选框，可以预览光晕效果，进而掌握每个选项的作用。

如图2-41所示就是使用光晕工具创建的类似照片中镜头光晕的效果。

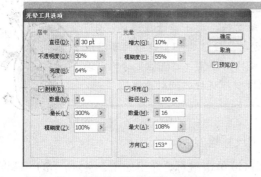 

图2-40　"光晕工具选项"对话框　　　图2-41　光晕效果

2.3.8　绘制圆弧

使用"弧线工具" 可以绘制开放或者闭合的多种圆弧图形，如图2-42所示。绘制方法也是很简单的，在绘图区域拖曳鼠标左键即可。

使用"弧线工具" 绘制弧形的过程中，有很多奥秘之处。比如，在绘制图形时按住空格键可随意移动圆弧；按下 C 键可以在开放和闭合之间切换；按下 F 键可以翻转绘制的圆弧；绘制时按住 ~ 键在拖动中可以得到多条圆弧；按住 Shift 键可绘制正圆圆弧。

如果要绘制既定尺寸的圆弧，双击工具箱中的"弧线工具" ，或者在绘图区域单击鼠标，弹出如图 2-43 所示的"弧线段工具选项"对话框，从中可以设置圆弧在 X、Y 轴方向上的长度；可以选择圆弧的类型是开放还是封闭；可以设置圆弧的凹凸程度；还可以确定是否对圆弧填充前景色。

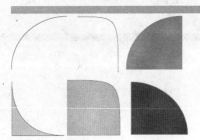

图 2-42　绘制弧形

图 2-43　"弧线段工具选项"对话框

2.3.9　绘制螺旋线

"螺旋线工具" 可以绘制出美丽的螺旋线纹理效果，具体绘制方法如下。

1. 任意螺旋线

选中"螺旋线工具"按钮 ，在绘图区域按住并拖动鼠标左键即可绘制螺旋线图形，如图 2-44 所示。

图 2-44　绘制螺旋线

绘制螺旋线时，按住空格键可随意移动圆弧；按下键盘区域的"↑"键和"↓"键可以改变弧线弯曲的角度和方向，按住 Shift 键绘制可以限制螺旋线的角度，使其以 45°角的整数倍旋转，按住 ~ 键拖动鼠标可以绘制多条螺旋线，按住 Ctrl 键拖动鼠标可以改变螺旋线之间的距离。

图 2-45　"螺旋线"对话框

2. 既定尺寸螺旋线

在绘图区域单击鼠标，弹出如图 2-45 所示的"螺旋线"对话框。"半径"数值指定从中心到螺旋线最外点的距离；"衰减"百分比指定螺旋线的每一螺旋相对于上一螺旋应减少的量；"段数"数值指定螺旋线具有的线段数；"样式"指定螺旋线的方向。最后单击 确定 按钮，就可得到设定尺寸的螺旋线。

2.3.10 绘制网格

下面我们学习绘制矩形网格和极坐标网格。

> 矩形网格,是使用"矩形网格工具"⊞绘制的指定数目分隔线的矩形;极坐标网格,是使用"极坐标网格工具"⊛绘制的指定大小和指定数目分隔线的同心圆。

1. 绘制矩形网格

(1)绘制任意矩形网格。选择"矩形网格工具"⊞,在绘图区域拖动鼠标即可。

> 绘制矩形网格时,按住空格键可随意移动网格图形;按下键盘区域的↑键和↓键可以控制水平分割线的数量,按下键盘区域的←键和→键可以控制垂直分割线的数量,按住Shift键可以绘制正方形的网格,按住~键可以绘制多个网格图形,按住Ctrl键可以从中心向外绘制网格图形。

(2)绘制既定尺寸矩形网格。在绘图区域单击鼠标,弹出如图2-46所示的"矩形网格工具选项"对话框,单击参考点定位器⊞上的一个方框确定绘制网格的起始点;在"默认大小"选项组中设置整个网格的宽度和高度;在"水平分隔线"选项组中指定网格水平分隔线的数量;在"垂直分隔线"选项组中指定垂直分隔线数量;"使用外部矩形作为框架"选项表示以单独矩形替换顶部、底部、左侧和右侧线段;"填色网格"等选项表示以当前颜色填充网格;设置好具体的参数后,单击 确定 按钮,即可创建精确的矩形网格图形,如图2-47所示。

图2-46 "矩形网格工具选项"对话框

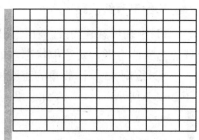

图2-47 矩形网格图形

2. 绘制极坐标网格

"极坐标网格工具"⊛的使用方法与"矩形网格工具"⊞有很多相似之处,就不再赘述。下面主要讲解"极坐标网格工具选项"对话框中各个选项的含义。

在绘图区域单击鼠标,弹出如图2-48所示的"极坐标网格工具选项"对话框。单击参考点定位器⊞上的一个方框以确定绘制网格的起始点。在"默认大小"选项组指定整个网格的宽度和高度；在"同心圆分隔线"选项组中指定网格中的圆形同心圆分隔线数量，其中"倾斜"值决定同心圆分隔线倾向于网格内侧或外侧；在"径向分隔线"选项组指定网格中心和外围之间出现的径向分隔线数量，其中"倾斜"值决定径向分隔线逆时针或顺时针倾向于网格；"从椭圆形创建复合路径"复选项表示将同心圆转换为独立复合路径并每隔一个圆填色；选中"填色网格"复选项表示以当前填充颜色填充网格，然后单击对话框中的 确定 按钮，即可创建精确的极坐标网格图形，如图2-49所示。

图2-48　"极坐标网格工具选项"对话框　　　图2-49　极坐标网格图形

2.3.11　用钢笔工具绘图

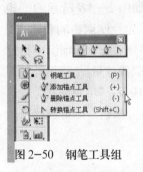

图2-50　钢笔工具组

在2.3.1小节中我们已经了解了路径，知道了钢笔工具组是绘制路径的法宝，下面就来了解一下钢笔工具组。

按住工具箱中的"钢笔工具" 不放，会显示钢笔工具组面板，单击面板右侧的"拖出"按钮，将展开如图2-50所示的钢笔工具组面板，其中包括"钢笔工具" 、"添加锚点工具" 、"删除锚点工具" 和"转换锚点工具" 。

呵呵，下面开始我们的挑战，学习钢笔工具绘制路径的方法。

1.绘制直线段路径

(1)绘制任意直线段。在绘图区域，依次单击"钢笔工具" 绘制直线段，最后一个锚点为实心方形，是选中状态，如图2-51所示。

(2)绘制45°倍数角的直线段。按住Shift键，将以45°的倍数角绘制路径，如图2-52所示。

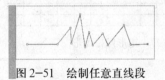
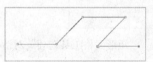

图2-51　绘制任意直线段　　　　　图2-52　绘制45°角直线段

(3)开放路径。要保持路径开放，按住Ctrl键，单击绘图区域的空白处，完成路径的绘制，如图2-53所示。

(4)闭合路径。将"钢笔工具" 定位在起始锚点上，光标显示为状态，单击或拖动鼠标即可闭合路径，如图2-54所示。

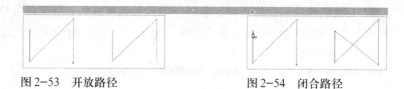

图 2-53 开放路径 图 2-54 闭合路径

2．绘制曲线路径

(1)绘制 C 形弧度曲线。将"钢笔工具" 定位到曲线的起点，并同时拖曳鼠标设置曲线段的斜度，然后释放鼠标。确定第二个锚点的位置，向前一条方向线的相反方向拖曳鼠标，绘制 C 形曲线，接着释放鼠标，整个过程如图 2-55 所示。

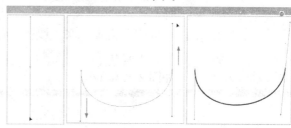

图 2-55 绘制 C 形弧度曲线

(2)绘制 S 形曲线。定位到曲线的起点，并同时拖曳鼠标设置曲线段的斜度，然后释放鼠标。确定第二个锚点的位置，向前一条方向线的相同方向拖曳鼠标，绘制 S 形曲线，接着释放鼠标，整个过程如图 2-56 所示。

> 如果是刚刚接触曲线路径，理解起来会有点难度，请不要担心。只要结合 2.3.1 和 2.3.2 小节中的知识，再加上刻苦练习，就会轻松掌握这个"武器"的！

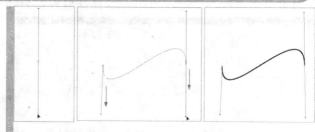

图 2-56 绘制 S 形弧度曲线

3．绘制直线和曲线结合的路径

通过以上的学习，我们学会了绘制直线和曲线路径，那绘制一条直线和曲线相结合的路径，如何操作呢？

呵呵，请看下面的讲解！

> 要注意光标！光标的变化不仅暗示了选取的工具，还暗示了将要进行的操作。比如选择了"钢笔工具" ，光标为 ，表示开始绘制一个对象；光标为 ，表示添加一个锚点；光标为 ，表示删除一个锚点；光标为 ，表示在一个已有的锚点上生成一个拐角；光标为 ，表示从一个锚点继续控制；光标为 ，表示将两条路径连接起来；光标为 ，表示闭合路径。

(1)绘制曲线后面的直线。绘制一条C形弧度曲线，将鼠标定位在最后的锚点上，光标为形状，单击锚点，将平滑点转换为角点，然后单击确定直线段的终点，完成直线段的绘制，如图2-57所示。

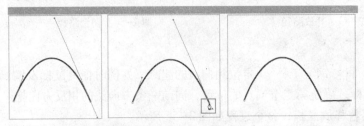

图2-57　绘制曲线后面的直线

(2)绘制直线后面的曲线。绘制一条直线段，将鼠标定位在最后的锚点上，光标为形状，单击锚点并拖动显示的方向线，将鼠标定位到所需的下一个锚点位置，拖曳新锚点完成曲线的绘制，如图2-58所示。

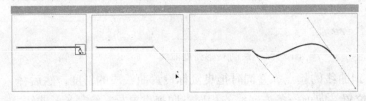

图2-58　绘制直线后面的曲线

4．绘制有拐角锚点连接的曲线

绘制一条平滑的C形曲线，按住Alt键将鼠标定位在方向点上，光标为形状，将方向线向其相反一端拖动后释放鼠标，将平滑锚点转换为拐角锚点，将鼠标定位到所需的下一个锚点位置，拖曳新锚点完成曲线的绘制，如图2-59所示，这样就完成了有拐角锚点连接的曲线，呵呵，很容易就绘制好了吧。

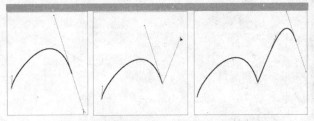

图2-59　绘制有拐角锚点连接的曲线

2.3.12　用铅笔工具绘图

使用"铅笔工具"可以让我们过把绘画瘾。它可绘制开放路径和闭合路径，就像用铅笔在纸上画画一样，可以快速绘制素描或手绘外观图。下面我们来学习"铅笔工具"的使用方法。

1．绘制开放路径

选择"铅笔工具"，在绘图区域当光标为形状时，按住并拖动鼠标绘制路径，这样可以绘制任意一条开放路径，如图2-60所示。

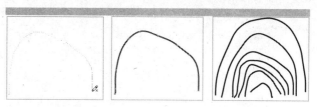

图2-60 绘制开放路径

2. 绘制封闭路径

将鼠标定位到起始点，按住并拖动鼠标，接着按下Alt键，光标为 形状，指示正在创建一个闭合路径。当路径达到所需大小和形状时，释放鼠标，路径闭合后，释放Alt键，完成封闭路径的绘制，如图2-61所示。

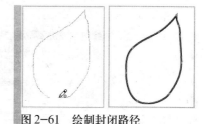

图2-61 绘制封闭路径

绘制路径的同时，按下Ctrl键，光标为 形状，可以连接两条路径。

3. 绘制连接的路径

绘制一条开放路径，将鼠标放到末端锚点，光标为 形状，拖曳鼠标继续绘制路径即可，如图2-62所示。

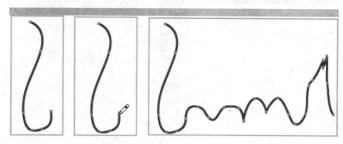

图2-62 绘制连接的路径

2.3.13 实时描摹对象

实时描摹是可以把置入的位图图像转换为矢量路径的工具。以往用到一张精美的图片时，是不是会因为它是位图格式而烦恼呢？现在就用这款强大的实时描摹工具来完成对图像的编辑、处理和调整大小吧，而且不会失真喔。

1. 实时描摹的建立

打开一张图片，如图2-63所示。用"选择工具" 选中图片，选择"对象→实时描摹→建立"命令，这时会发现图像有了变化，如图2-64所示。

图 2-63　原始图片　　　　　图 2-64　实时描摹效果图

图 2-65　描摹选项对话框

2. 实时描摹的修改

怎样调整实时描摹的效果呢？现在就来给大家介绍介绍。

选择"对象→实时描摹→描摹选项"命令，打开"描摹选项"对话框，如图 2-65 所示。也可以选择描摹对象后，通过控制面板中的"描摹选项对话框"来实现。下面来看看其中各选项的使用方法吧。

（1）预设

①指定预设：打开预设列表，会看到如图 2-66 所示的内容，可指定预设的描摹方式。

②新建预设：在对描摹选项做了修改后，单击 存储预设(V)... 按钮。在弹出的"存储描摹预设"对话框中输入预设的名称并单击 确定 按钮。或选择"编辑→描摹预设"命令，在弹出的如图 2-67 所示的对话框中单击"新建"按钮，设置预设的描摹选项，然后单击 确定 按钮。

图 2-66　预设列表　　　图 2-67　描摹预设对话框

如果想要在现有预设的基础上新建预设，可在选择现有预设的基础上新建，即可得到预设的副本。

③编辑／删除预设：选择"编辑→描摹预设"命令，在描摹预设对话框选中要编辑的预设，单击 编辑(E)... 按钮，在弹出的对话框中编辑即可。选择要删除的预设，单击 按钮就可以删除了。

[默认]预设是不可以编辑或删除的哦，不过可以在选中[默认]预设的情况下单击"新建"按钮，做出[默认]预设的副本进行编辑。

④导入／导出预设。选择"编辑→描摹预设"命令，在弹出的对话框中单击相应的"导入"或"导出"按钮，可以将描摹设置文件导入到当前对话框或保存到指定文件夹，这样就可以把自己预设的描摹结果与朋友分享了。

图 2-68　调整栏

(2)调整选项组

在描摹选项对话框中可以看到左边的一栏是各种调整方式，如图 2-68 所示。让我们来一个一个研究。

①模式：可以看到三种颜色模式供我们选择，如图 2-69 所示。

图 2-69　颜色模式

②阈值：该选项只有在"黑白"模式下可以使用。在选框中填入一个数值，原始图片中比阈值亮的像素转化为白色，比阈值暗的像素转化为黑色。

③调板：该选项只有在"彩色"或"灰度"模式下可以使用。指定从原始图像生成颜色或灰度描摹的调板。在一般情况下，只有自动一个选项，如图 2-70 所示，即让软件决定描摹中的颜色。而当把色板库打开时，调板菜单中就出现了色板库名称，如图 2-71 所示，现在就可自定义调板了。

图 2-70　调板选项

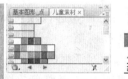
图 2-71　开启色板库后的调板选项

④最大颜色：该选项只有在"彩色"或"灰度"模式下且"调板"选为自动时可以使用。选项用来设置描摹结果中使用的最大颜色数。

⑤输出到色板：勾选该项可将描摹结果中创建的每种颜色创建新色版。

⑥模糊：该选项是在生成描摹之前对图像做模糊处理，填入相应的数值，有助于在描摹结果中减轻细微的不自然感并平滑锯齿边缘。

⑦重新取样：启用该选项可将图像的分辨率调整到输入数值的大小。但创建预设时不保存重新取样的分辨率。

图 2-72　描摹设置栏

(3)描摹设置选项组

下面要介绍的是描摹选项对话框右侧部分的描摹设置，如图 2-72 所示。

①填色：选中该项即可在描摹结果中创建填色区域。

②描边：当开启了该选项后，会发现下面的两个灰色选项也相应开启了，如图 2-73 所示。"最大描边粗细"指的是原始图像中可描边的特征区域最大像素宽度。大于最大宽度的特征区域则相当于填色

图 2-73　描边选项

ERROR了。"最小描边长度"指的是原始图像中可供描边的特征区域最小长度。小于最小长度的特征区域将从描摹结果中忽略。

只有在黑白模式下，填色和描边的命令才可以执行。

③路径拟合：该选项用来控制描摹形状和原始像素形状间的距离。较低的值创建较紧密的路径拟和；较高的值可创建较疏松的路径拟和。

④最小区域：指定将描摹的原始图像中的最小特征。例如，值为 4 指定宽高小于 2×2 像素的特征将从描摹结果中忽略。

⑤拐角角度：调整该数值可改变原始图像中转角的锐利程度，即描摹结果中路径的拐角。

可参照介绍路径一章了解平滑锚点和拐角锚点的差异及调整方向。

⑥忽略白色：勾选该项可将填充为白色的区域改为无填充。

（4）设置视图

在描摹选项对话框的最下面有视图一栏可以更改视图显示，如图 2-74 所示。也可以在控制面板中的"预览栅格图像的不同视图"按钮和"预览矢量图像的不同视图"按钮更改，在"对象→实时描摹"下级菜单中也可以得到。

图 2-74　视图栏

①栅格：预览栅格图像的不同视图，选项提供了四种视图，如图 2-75 所示。

②矢量：预览矢量结果的不同视图，选项也提供了四种视图，如图 2-76 所示。

图 2-75　栅格选项　　　图 2-76　矢量选项

栅格和矢量视图的设置均不会存储为描摹预设的一部分。

40

(5)预览效果

最后,在对话框右侧执行按钮的下面有选项,启用该选项即可预览当前的设置结果。

3.实时描摹的扩展

(1)使用"扩展"命令

当对自己的描摹结果感到满意,可以用"扩展"命令将描摹对象转化为路径,单击"控制面板"中的按钮,或者选择"对象→实时描摹→扩展"命令均可将描摹图稿的组件作为单独对象处理,产生的路径将组合在一起。如图2-77所示。

图2-77 执行扩展命令

如果想在描摹之前直接建立为扩展文件,可选择"对象→实时描摹→建立并扩展"命令。

(2)使用扩展为查看结果命令

如果想保留描摹图像的显示结果的同时将描摹转换为路径,可选择"对象→实时描摹→扩展为查看结果"命令。如图2-78所示,首先打开一张图片并实时描摹,选择显示轮廓。第四张图为执行"扩展"命令的结果,第五张图则为执行"扩展为查看结果"命令的结果。

图2-78 执行"扩展为查看结果"命令的过程

4.将描摹对象转换为实时上色对象

若要将描摹转换为"实时上色"对象,单击控制面板中的按钮,或选择"对象→实时描摹→转换为实时上色"命令。这时就可以使用实时油漆桶工具对描摹对象应用填色和描边了。如图2-79所示,选择的是描边命令。

图2-79 转换为实时上色后描边

如果想在描摹之前直接建立实时上色文件,可选择"对象→实时描摹→建立并转换为实时上色"命令

5．实时描摹的释放

如果对描摹不满意，想放弃描摹但保留原始图像，可释放描摹对象。先选中描摹对象，选择"对象→实时描摹→释放"命令即可。

2.4　基础应用——使用几何形状的乐趣

善于观察生活的朋友会发现，在家居设计、商标设计、装饰图形等等常见的物件中，都有几何形状的影子，不同的几何图形，组合成不同的物体，带给我们很多生活乐趣。

2.4.1　创建装饰图案

结合图形的编辑和图形颜色的填充，我们可以把绘制的几何图形，组合成漂亮的装饰纹样，如图2-80所示。可以将绘制的几何图形，应用在标识设计中，如图2-81所示的全国五好家庭标识图案。

图2-80　装饰纹样

图2-81　标识设计

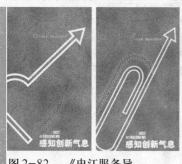

图2-82　《申江服务导报》包装袋设计欣赏

2.4.2　绘制辅助对象或路径

本章学习的基本几何工具，就如我们画画用的画笔，是必备的基本工具。它可以为我们的设计作品创建基本的辅助图形或路径，如图2-82所示。譬如我们设计一个包装袋，高度为300mm、宽度为250mm，我们直接使用"矩形工具"▢创建一个高度为300mm，宽度为250mm的矩形路径，定位包装袋的尺寸就可以了，比使用辅助线和标尺一点点地固定尺寸简单快捷多了。在包装设计、产品造型设计、广告设计中这种方法常用到。

譬如我们在后面章节中学习的路径文字。使用"星形工具"☆绘制星形图形，然后使用"文字工具"T在路径上单击，输入合适的文字，即可创建沿路径绕排的文字效果，如图2-83所示。

图2-83　沿着绘制的星形路径输入文本

　　初学者可能就有疑问了，观察到几何图形在生活中的应用，也学会了几何形状工具的使用，就是绘制不出来具体的物体，这是怎么回事？呵呵，这个问题好解决。下面提供一条思路，然后大家举一反三就可以自由绘制很多图形了。

　　呵呵，下面我们共同学习，使用本章工具绘制的几何图形，是如何应用在设计作品中。

　　首先我将看到的物体分解为基本的几何形状。例如，一个心形图形，我把它看成一个圆，然后将圆形变形为心形，操作方法如下。

　　(1)绘制圆形。选择"椭圆工具"⬭，按住 Shift 键绘制圆形，如图 2-84 所示。

　　(2)将平滑锚点转换为直角锚点。我们使用"转换锚点工具"◸单击圆形下端的平滑锚点，转换为直角锚点，图形相应接近心形的特征，如图 2-85 所示。

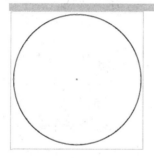

图2-84　绘制圆形

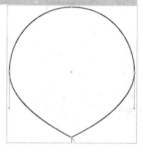

图2-85　转换锚点

　　(3)移动锚点。使用"直接选择工具"◺选中图形上端的锚点，并向下拖移一定的距离，如图 2-86 所示。

　　(4)调整曲线弯曲度。使用"转换锚点工具"◸，拖曳一侧方向线，将曲线调整为如图 2-87 所示的形状。然后使用"直接选择工具"◺单击锚点，显示出另一侧的方向线，再使用"转换锚点工具"◸拖曳另一侧方向线，得到如图 2-88 所示的效果。

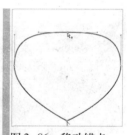

图2-86　移动锚点

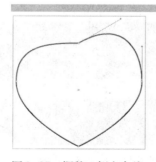

图2-87　调整一侧方向线

图2-88　调整另一侧方向线

图 2-89　心形图形

(5)最终效果。使用"选择工具"单击空白处，取消对象的选择，可以观察心形的最终效果，如图 2-89 所示。

通过心形图形的绘制，我们得到一个经验，就是把实际的物体概括为规则的几何图形，然后将规则图形变形，得到需要的物体。

2.5　2.5　案例表现——桌面壁纸

我们掌握了绘制图形的"武器"，就要应用法宝，开始创造丰硕的果实喽！下面我们共同制作一个充满个性的桌面壁纸。

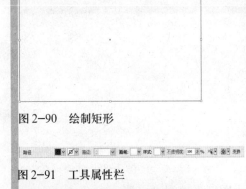

图 2-90　绘制矩形

图 2-91　工具属性栏

01 绘制矩形。按下 D 键，还原默认的填色和描边。选择"矩形工具"，在绘图界页面绘制矩形，如图 2-90 所示。

02 填充颜色。如图 2-91 所示，在属性栏设置填充色为深蓝色，描边为无，得到如图 2-92 所示的矩形。

03 绘制并填充矩形。使用"矩形工具"绘制矩形，将其填充青色，描边为无，如图 2-93 所示。以同样的方法绘制矩形，分别填充白颜色和青色，如图 2-94 所示。

04 绘制并填充圆形。按住 Shift 键，使用"椭圆工具"绘制圆形，在属性栏设置填充色为浅蓝色，描边为无，如图 2-95 所示。以同样的方法绘制圆形，将其填充白色，如图 2-96 所示。

图 2-92　填充效果

图 2-93　绘制矩形

图 2-94　绘制多个矩形

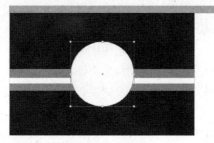

图2-95 绘制浅蓝色圆形

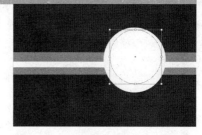

图2-96 绘制白色圆形

05 绘制其他圆形。使用同样的方法，绘制其他圆形，并排列在如图2-97所示的位置。

06 绘制并排列圆形。绘制大小不同的多个圆形，填充青颜色，如图2-98所示。

07 绘制曲线。下面我们绘制壁纸的装饰纹样，首先选择"钢笔工具" ，设置描边颜色为青色，在绘图页面的空白处绘制曲线。使用"转换锚点工具" 调整曲线弯曲度，如图2-99所示。以同样绘制另一条曲线，如图2-100所示。

08 绘制螺旋纹。选择"螺旋纹工具" ，设置描边颜色为青色，使用"选择工具" 选中螺旋纹，旋转放置到如图2-101所示的位置。以同样的方法，绘制螺旋纹，并放置到如图2-102所示的位置。圈选装饰纹样图形，然后按下Ctrl+G组合键群组对象。

图2-97 绘制多个圆形

图2-98 绘制青颜色圆形

图2-99 绘制曲线

图2-100 绘制曲线

图2-101 绘制螺旋纹

图2-102 绘制并编辑图形

图2-103　绘装饰纹样

图2-104　移动图形

图2-105　复制图形

09 绘制纹样图形。使用同样的方法绘制另一个装饰纹样，并将其群组，如图2-103所示。

10 编辑纹样图形。使用"选择工具" 将绘制的装饰纹样移动到合适的位置，并旋转一定的角度，如图2-104所示。

11 复制花纹图形。按住Alt键，使用"选择工具"拖移纹样，将纹样复制并放置到合适的位置，如图2-105所示。

12 排列图形。按下Ctrl+[组合键多次，将纹样向下移动到青色矩形的下方，如图2-106所示。

13 复制排列图形。使用同样的方法，复制纹样图形，并排列在合适的位置，如图2-107所示。

14 绘制圆形。按住Shift键，使用"椭圆工具" 绘制圆形，在属性栏设置填充色为青色，描边为无，如图2-108所示。

15 绘制同心圆。按住Shift+Alt组合键，绘制同心圆，并设置填充色为白色，如图2-109所示。以同样的方法，绘制多个同心圆，并设置合适的颜色，如图2-110所示。

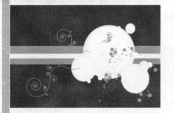

图2-106　排列图形

图2-107　复制图形

图2-108　绘制圆形

图2-109　绘制同心圆

图2-110　绘制多个同心圆

图2-111　最终效果

16 最终效果。以同样的方法绘制其他圆形，排列在如图2-111所示的位置。取消所有对象的选择，可以观察到绘制完成的壁纸效果。

2.6 疑难及常见问题

1. 快速切换多页面的方法

同时打开很多页面时，如何快速浏览不同页面的图形呢？按下Ctrl+Tab组合键即可在不同页面之间切换。

2. 颜色模式之间有何区别

(1)CMYK 颜色模型

CMYK 颜色模型使用青色（C）、品红色（M）、黄色（Y）和黑色（K）来定义颜色，青色、品红色、黄色和黑色代表 CMYK 颜色包含的青色、品红色、黄色和黑色的墨水量，用0%到100%来测量。CMYK 颜色模型（即减色颜色模型）主要用于彩色印刷。

(2) RGB 颜色模型

RGB 颜色模型使用红色（R）、绿色（G）和蓝色（B）来定义颜色，红色、绿色和蓝色为 RGB 颜色包含的红、绿和蓝光的量，用0到255的值来测量。

(3)HSB 颜色模型

HSB 颜色模型使用（H）饱和度、（S）亮度和（B）色度来定义颜色。色度是用0到359度来测量（例如，0度为红色，60度为黄色，120度为绿色，180度为青色，240度为蓝色，而300度则为品红色）。饱和度描述颜色的鲜明度或阴暗度，用0%到100%来测量（百分比越高，颜色就越鲜明）。亮度描述颜色包含的白色量，用0%到100%来测量（百分比越高，颜色就越明亮）。

(4)灰度颜色模型

灰度颜色模型只使用一个组件（即亮度）来定义颜色，用0到255的值来测量。每种灰度颜色都有相等的RGB颜色模型的红色、绿色和蓝色颜色值。将彩色相片更改为灰度设置可创建黑白照片。"

3. 保存格式之间的区别

(1)AI 格式

Adobe Illustrator（AI）文件格式是由专为 Macintosh 和 Windows 平台而引入的 Adobe Systems 所开发的。它起初是基于矢量的，但其后来的版本也支持位图信息。

(2)EPS 格式

几乎所有页面版式、文字处理和图形应用程序都接受导入或置入的 EPS 文件。EPS格式保留许多使用 Illustrator 创建的图形元素，这意味着可以重新打开 EPS 文件并作为 Illustrator 文件编辑。该格式可以包含矢量和位图图形。

(3)PDF 格式

PDF 格式是一种通用的便携文档格式，这种文件格式保留在各种应用程序和平台上创建的字体、图像和版面。PDF 文件小而完整，任何使用免费 Adobe Reader 软件的入都可以对其进行共享、查看和打印。PDF在印刷出版工作流程中非常高效。

(4)SVG格式

SVG格式是一种可产生高质量交互式Web图形的矢量格式。SVG 格式有两种版本：SVG和压缩SVG(SVGZ)。SVGZ可将文件大小减小50%至80%；但是不能使用文本编辑器编辑SVGZ文件。

27 习题与上机练习

1．选择题

(1) 路径由一段或(　　)段条直线、曲线组成。

  (A) 2　　　　　　(B) 3　　　　　　(C) 4　　　　　　(D) 多

(2) 锚点分为3种类型，即(　　)锚点、平滑锚点和拐角锚点。

  (A) 直角　　　　　(B) 圆角　　　　　(C) 角　　　　　　(D) 圆

(3) 在工具箱中，部分工具按钮右下角有黑色三角形标志，表示该工具包含一个(　　)。

  (A) 工具　　　　　(B) 工具组　　　　　(C) 选项　　　　　(D) 子工具

(4) 按住(　　)键绘制矩形，得到正方形。

  (A) Alt　　　　　(B) Shift　　　　　(C) Tab　　　　　(D) 空格键

(5) 按住Shift+(　　)组合键绘制矩形，得到以起点为中心的正方形。

  (A) Shift　　　　　(B) Alt　　　　　(C) Tab　　　　　(D) 空格键

(6) "弧线"工具可以绘制(　　)或者闭合的多种圆弧图形，

  (A) 封闭　　　　　(B) 多条　　　　　(C) 开放　　　　　(D) 一条

(7) "钢笔工具" 可以绘制(　　)形曲线和"S"形曲线。

  (A) A　　　　　　(B) B　　　　　　(C) C　　　　　　(D) D

(8) 铅笔工具绘制路径的同时，按下(　　)键，光标为形状，可以连接两条路径。

  (A) Alt　　　　　(B) Shift　　　　　(C) Tab　　　　　(D) 空格键

2．问答题

(1) 如何绘制既定的圆角矩形？

图2-112　绘制安全标识

(2) 怎样设置多边形的边数？

(3) 如何绘制45°倍角直线段？

3．上机练习题

(1) 使用"圆角矩形工具" 、"椭圆工具" 、"矩形工具" 、"铅笔工具" ，绘制如图2-112所示的安全标识图形。

(2) 使用"钢笔工具" 、"直接选择工具" 和"转换锚点工具" ，绘制如图2-113所示的蝴蝶图形。

（3）使用"矩形工具"■、"椭圆工具"●、"圆角矩形工具"■和"钢笔工具"✎绘制如图 2-114 所示的电脑主机图形。

图 2-113　绘制蝴蝶图形

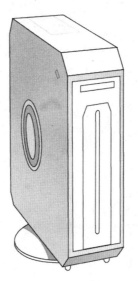

图 2-114　绘制主机图形

第 3 章
图形的选取和编辑

本章内容

实例引入——剪纸效果

基本术语

知识讲解

基础应用

案例表现——时尚花纹

疑难及常见问题

习题与上机练习

本章导读

通过上一章的学习，对Illustrator CS3的使用有了一定的了解了吧，恭喜大家，可以绘制简单的图形了。

但是，要想对图进行修改和编辑，就要好好地学这一章了。主要包括对象的选取、复制、排序、编组、锁定、编辑等操作。掌握了这些知识，就拿到了Illustrator CS3的"金钥匙"喽！

3.1 实例引入——剪纸效果

看到图3-1所示的效果了吧，具有中国传统的剪纸风格，如果能用剪刀手工剪出最好了，特别是过春节时，剪出各种各样的图案，装饰我们温馨的家。不过，我们使用Illustrator CS3也可以制作出剪纸效果哟，不会手工的就用软件过把剪纸瘾吧！

3.1.1 制作分析

图3-1 剪纸效果

这个剪纸效果，是以渐变颜色填充的矩形和排列整齐的线条作为背景，由花瓣图形、花茎和花叶组成的，如图3-2所示。其中要用到复制、锁定、复合图形等新知识，下面就赶快来学习吧。

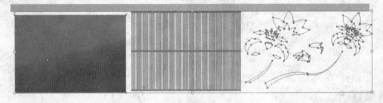

图3-2 剪纸的组成部分

3.1.2 制作步骤

01 绘制矩形。使用"矩形工具"▢绘制矩形，按下Shift+F8组合键，在打开的"变换"面板中可以设置矩形的宽度和高度，如图3-3所示，得到宽度为200mm，高度为135mm的矩形，如图3-4所示。

图3-3 变换面板   图3-4 绘制矩形

02 填充渐变颜色。选择"窗口"→"工作区"→"面板"命令，在弹出的面板组中依次单击"渐变"面板和"色板"面板，然后从"色板"面板中拖曳洋红颜色到渐变面板中的白色色块上，就可以将颜色添加到渐变中，如图3-5所示。

渐变填充是不是很神奇呀，可以自如地设计多彩的渐变效果。在第4章中有颜色填充的详细讲解，参考着好好为图形"穿上"多彩的"衣服"吧！

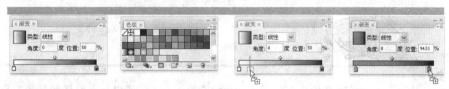

图3-5　设置渐变颜色

03 调整渐变颜色的角度。选择"渐变工具" ，在图形中拖曳鼠标，调整渐变颜色的角度，效果如图3-6所示。按下Ctrl+2组合键锁定矩形，这样在进行其他操作时，就不会误选中矩形，可以放心进行下面的操作了。

04 绘制直线。使用"矩形工具" 绘制矩形，选择"窗口"→"色板"命令，单击"色板"面板中的白颜色，为矩形填充白颜色。在"变换"面板中设置宽度为"0.5mm"，高度为"135mm"，如图3-7所示。

图3-6　剪纸的组成部分　　　　　图3-7　绘制直线

05 移动并复制图形。选择绘制的白颜色直线，按下Shift+Ctrl+M组合键，打开"移动"对话框，从中设置"水平"为"2mm"，"距离"为"2mm"，如图3-8所示。多次单击对话框中的复制按钮，得到如图3-9所示的图形。

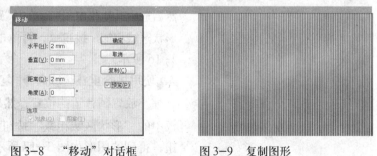

图3-8　"移动"对话框　　　　　图3-9　复制图形

06 群组对象，并设置不透明度。使用选择工具圈选所有直线，然后按下Ctrl+G组合键群组图形，这些图形就可以作为一个整体编辑了。在属性栏设置"不透明度"为40%，效果如图3-10所示。

07 使用与形状区域相交命令得到花瓣图形。按住Shift键，使用"椭圆工具" ⊙ 绘制两个圆形，如图3-11所示。选中这两个圆形，按下Shift+Ctrl+F9组合键，打开"路径查找器"面板，如图3-12所示。单击"与形状区域相交"按钮 ⬚ ，再单击 扩展 按钮就可以得到花瓣图形了，如图3-13所示。

图3-10 不透明度效果

路径查找器面板可是一个神奇的法宝，它可以让我们得到形状各异的图形，在下面的知识讲解中一定要好好学习喔。

图3-11 绘制圆形

图3-12 路径查找器面板

图3-13 花瓣图形

08 多次复制并旋转图形。按住Alt键拖曳花瓣图形，复制一个，然后旋转并放置到合适的位置，如图3-14所示。同样的方法复制其他两个花瓣，如图3-15所示。

图3-14 复制并旋转图形

图3-15 复制多个花瓣图形

09 使用与形状区域相加命令得到复合图形。复制一个花瓣图形，放置到一边，留作备用。然后选中其他花瓣图形，单击"路径查找器"面板中的"与形状区域相加"按钮 ⬚ ，再单击 扩展 按钮，效果如图3-16所示。

10 使用排除重叠区域命令。复制一个花瓣复合图形，将其缩小放置到合适的位置，然后单击"路径查找器"面板中的"形状区域相减"按钮 ⬚ ，再单击 扩展 按钮，得到的图形如图3-17所示。

图3-16 与形状区域相加

图 3-17　排除重叠区域效果

11 复制图形和绘制图形。将备份的花瓣图形复制，并依次放到合适的位置，如图 3-18 所示。使用"钢笔工具" 绘制封闭曲线，并填充白颜色，如图 3-19 所示。

图 3-18　复制图形　　　　　　　　　图 3-19　绘制图形

12 绘制并镜像图形。使用"钢笔工具" 绘制封闭曲线，并填充白颜色，选择"对象" → "变换" → "对称"命令，在弹出的"镜像"对话框中的"轴"选项组中选中"垂直"单选按钮，"角度"文本框中输入"90"，单击 复制(C) 按钮，得到镜像的图形，并将它旋转放到合适的位置，如图 3-20 所示。使用"钢笔工具" 绘制一个心形图形，再复制两个花瓣图形，组合后的花朵图形，如图 3-21 所示。

图 3-20　绘制并镜像图形　　　　　　　　　　　　　　　图 3-21　绘制图形

13 复制图形并绘制花茎。使用"钢笔工具" 绘制花茎图形，并填充白颜色，如图 3-22 所示。

14 绘制花叶图形。使用"钢笔工具" 绘制一个花叶图形，填充白颜色，如图 3-23 所示。以同样的方法，绘制另外一个花叶的两个组成部分，然后使用"路径查找器"面板中的"与形状区域相减"命令得到复合图形，如图 3-24 所示。

图 3-22　绘制花茎图形

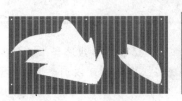
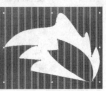

图 3-23　绘制花叶图形　　　　图 3-24　相减后的图形

15 将绘制的图形组合在一起，一幅剪纸效果的图形就展现在面前了，如图 3-25 所示。

图 3-25　最终效果

3.2　基本术语

在这一章中也有面孔"陌生"的术语喔！比如复合图形、复合路径等，下面我们先初步地认识一下。

3.2.1　复合图形

复合图形的组成可以是两条或者多条路径，也可以是文本、对象组或任何一个包含矢量效果的作品等。

图 3-26　"路径查找器"面板

要创建一个复合图形，需要打开"路径查找器"面板，在面板菜单中选择"建立复合形状"命令制作复合图形，如图 3-26 所示。或者选中对象后单击面板中的"形状模式"中的按钮，将生成复合图形。

3.2.2　复合路径

复合路径是由一条或者多条简单的路径组成，这些路径组合成一个整体。复合路径的一个重要的应用就是，将选中的对象叠加，产生一个镂空，这个镂空就是从某个对象上剪切其他对象后的空心区域，就如同我们戴的手镯中间镂空的圆圈。

为了更好地理解复合路径，我们来绘制一个圆圈图形。

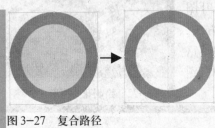

图 3-27　复合路径

先绘制一个圆，填充蓝颜色，然后绘制一个较小的圆，填充黄颜色，参照 3.4.3 中对齐对象的知识点，将其对齐为同心圆。选中这两个圆形，选择"对象"→"复合路径"→"建立"命令，或者按下 Ctrl+8 组合键，即可创建复合路径，如图 3-27 所示。

使用"选择工具" 和"编组选择工具" 可以将复合路径整体编辑，使用"直接选择工具" 可以调整复合路径中的某条路径。

复合路径的中间区域是镂空的，用"直接选择工具" 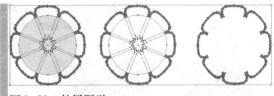 选取内部的圆形，并移动到右侧，可以看出只有重叠处产生镂空，如图3-28所示。

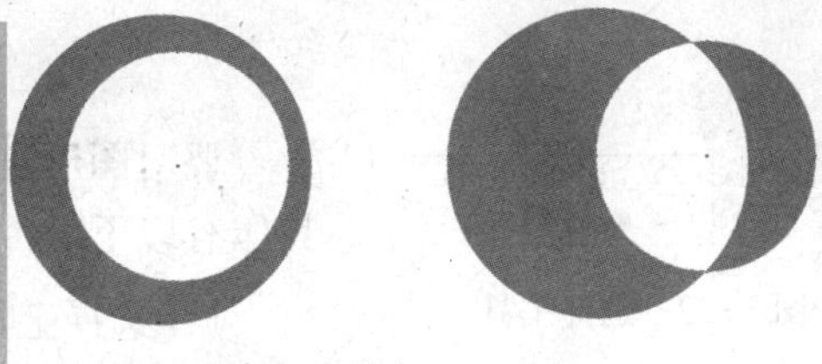

图3-28　观察复合路径

3.2.3　扩展

通过上面的学习，我们知道了什么是复合图形。在这个基础上"扩展"命令就好理解了，简单地说就是将复合图形转变成单一的路径。

我们知道可编辑的复合图形有很大的灵活性，如果不满意效果，可以在原来的基础上修改，而应用扩展后的图形将永久性地组合成一条路径，所以在扩展图形之前，一定要保存一个作品的副本。如图3-29所示为扩展图形前后的对比。

图3-29　扩展图形

3.2.4　连接节点

连接节点和平均节点是Illustrator CS3中最有用的两个"法宝"。现在首先来认识一下连接节点这个法宝。

连接节点就是将路径的两个端点连接起来。选择"对象"→"路径"→"连接"命令，就可以将选中的两个节点连接，如图3-30所示。

图3-30　连接节点

3.2.5　平均节点

平均节点，就是将路径的节点置于水平、垂直或者水平垂直位置。选中需要对齐的节点，选择"对象"→"路径"→"连接"命令，弹出"平均"对话框，可以设置是按照水平、垂直或者两者兼有的方法排列节点。如图3-31所示，按照水平垂直排列选中的节点。

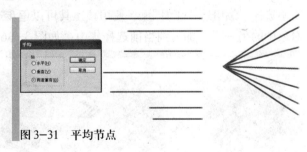

图3-31　平均节点

3.3　知识讲解

在前面我们只是简单认识了这些"武器"，下面还要学习他们的用武之处！

图 3-32 选择工具

3.3.1 对象的选取

要对图形进行编辑，首先就要选择对象，选择对象的方法具体有以下 3 种。

1. 选择工具

首先让我们看一下工具箱中提供的选择工具，如图 3-32 所示。

（1）"选择工具" 。这个工具是使用频率最高的，使用它单击某一对象，将选中包含该对象的最大组，如图 3-33 所示。如果按住 Shift 键，就可以同时选择多个对象。

如图 3-34 所示，我们可以将选中的对象进行旋转、缩小、移动等操作，由于操作起来很简单，就不多说了，自己多多练习就可以了。

图 3-33 选中对象　　　　　　　　　　　图 3-34 旋转、缩放图形

（2）"直接选择工具" 。使用它单击节点或路径将选中该点或路径的一部分，如图 3-35 所示。要想修改节点的位置及曲线的弯曲度，得到完美的图形，就必须使用这个工具。

　　　　未被选中的节点以空心小方块显示，被选中的节点以实心小方块显示，使用"直接选择工具" 调整路径的知识，请参考 3.4.6 小节。

图 3-35 选中节点

（3）"编组选择工具" 。在工具箱中，按住"直接选择工具" 不放，在弹出的工具组中选择"编组选择工具" ，使用该工具可以逐步选择组内对象。每单击一次，就将组对象中的另一子集加入到当前选择集中，如图 3-36 所示。

图 3-36 选择对象

（4）"套索工具" 。该工具用来选择部分路径和节点，拖动鼠标掠过要选择的路径或者圈选部分节点即可，如图 3-37 所示。

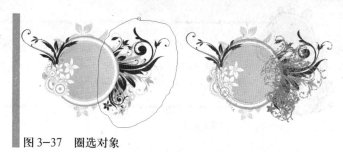

图 3-37 圈选对象

(5)"魔棒工具" 。该工具和Photoshop中的魔棒工具功能相似，使用它可以选择填充色、透明度和描边属性相同或相近的矢量对象，相似度由每种属性的容差值决定。双击该工具，弹出"魔棒"面板，设置选择对象时相同或者相近的属性，如图3-38所示。

图 3-38 "魔棒"面板

2．选择菜单

"选择"菜单可以让我们很方便地用选择命令选择对象，并且可以掌握选取多种类型的对象和特征，如图3-39所示。

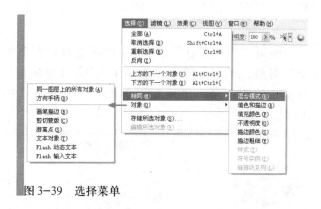

图 3-39 选择菜单

3．图层面板

在图层面板中可以选择多个层、群组或者多个连续的对象。按下F7键打开"图层"面板，如果想选中一个层或群组中的对象，单击层或者群组最右侧的位置，这样所单击的层或群组中的所有对象就被选中了，如图3-40所示。

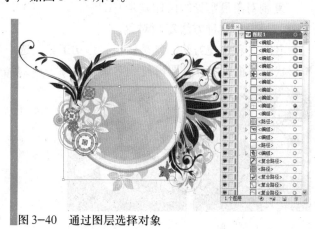

图 3-40 通过图层选择对象

想选择多个层、群组或者多个连续的对象吗？单击的同时按住Shift键就可以了。按住Ctrl键则可以选择多个不连续的对象或者图层。

3.3.2 移动和复制对象

在Illustrator CS3中文版中，对象的移动和复制是最基本的操作了。现在简单认识一下图形变换的常用的方法，如精确地移动和复制、旋转、镜像、倾斜、变形等，请查看第4章，其中有详细的讲解。

下面，还是让我们先学习对象的移动和复制吧！

1. 移动对象

除了手工拖曳对象，还可以使用数值精确一个新的位置。双击工具箱中的"选择工具" ，或按下Shift+Ctrl+M组合键打开"移动"对话框，从中可以设置移动的位置，如图3-41所示。

图3-41 移动对话框

使用"度量工具" 可以帮助决定移动距离的大小。具体方法是，选中需要移动的对象，单击并拖曳"度量工具" 计算距离，然后打开"移动"对话框，可看到测量的距离已自动载入到文本框中，选择"预览"复选框可以查看效果，如图3-42所示。

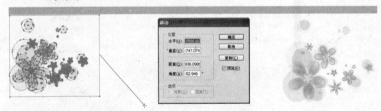

图3-42 精确移动图形

2. 复制对象

复制对象最常见的操作就是Ctrl+C复制，Ctrl+V粘贴，在Illustrator CS3中也不例外，可以用这种方法复制对象。

还有一种快捷方法，就是使用"移动工具"选中对象后，按住Ctrl键，当指针变成 形状时，拖曳鼠标，即可复制对象，如图3-43所示。是不是很方便呀！

图3-43 复制图形

3.3.3 对象的排列和分布

在 Illustrator CS3 中可以将图形像"士兵"一样有秩序、有规律地排列和分布。感兴趣吗？下面，大家可以亲自体验一下做"军官"的感觉！

1. 对象的排列

绘制复杂图形时，会包含许多图层、群组和路径等，如何将图形排序呢？在"对象"菜单中就提供了具体的命令，如图3-44所示。

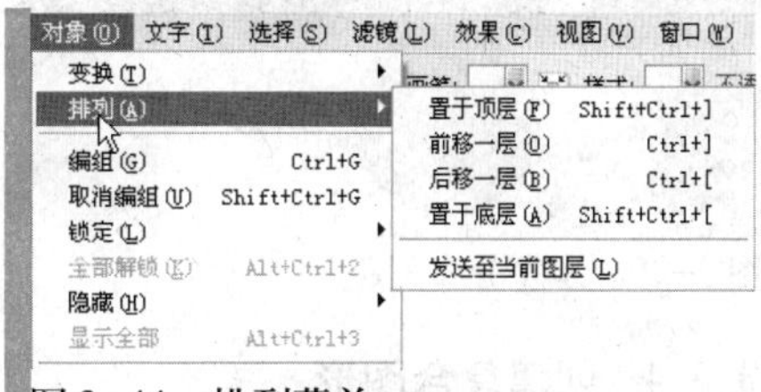

图3-44 排列菜单

例如，将一个矩形置于底层，作为图形的背景，操作方法是：选中需要排列的图形，选择"对象"→"排列"→"置于底层"命令，或者单击鼠标右键，在快捷菜单中选择"排列"→"置于底层"命令即可，如图3-45所示。

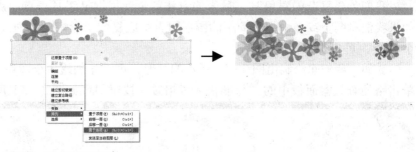

图3-45 置于底层

2. 对象的分布

对于排列毫无秩序的图形，是不是感到很头疼？在 Illustrator CS3 的"对齐"面板中，只需轻轻一点按钮，即可令它们快速地"站齐"，排好队伍。

选择"窗口"→"对齐"命令，或者按下 Shift+F7 组合键，打开"对齐"面板，如图3-46所示，在该面板中提供了对齐对象的6种方式、分布对象的6种方式，还有"垂直分布间距"、"水平分布间距"选项等。

图3-46 对齐面板

（1）对齐对象。将排列凌乱的圆形选中，然后单击"对齐"面板中的"水平居中对齐"按钮，所有图形就都听话地水平居中对齐了，如图3-47所示。接着单击"垂直居中对齐"按钮，就很轻松地得到同心的圆形了，如图3-48所示。

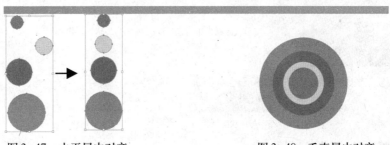

图3-47 水平居中对齐　　　　　　图3-48 垂直居中对齐

(2)分布对象。使用分布命令可以将图形按指定区域内以相等间距分布对象。例如，将分布不均的圆形选中，然后单击"对齐"面板中的"水平分布间距"按钮，得到的图形效果如图3-49所示。

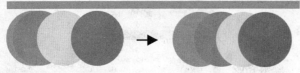

图3-49　水平分布间距

3.3.4　创建复合图形

在基础术语部分，我们已经学习了复合图形，可能大家还会有疑惑，怎样创建复合图形，又如何使用它呢？带着问题，让我们进入复合图形的世界。

1. 为什么使用复合图形

我们创建复杂的对象时，最笨的方法就是使用钢笔工具一点一点地绘制出路径。如果我们将两个或多个相对简单的图形组合生成复合图形，就相对简单多了，这是一个捷径，可以提高工作效率。

譬如，我们想绘制出图3-50所示的图形，可以先创建3个圆环，然后选中图形，单击路径查找器面板中的"与形状区域相减"按钮即可如图3-51所示。

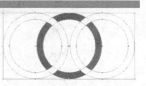

图3-50　复合图形　　　　图3-51　与形状区域相减效果

图3-52　"路径查找器"面板

2. 使用路径查找器面板创建复合图形

下面让我们共同认识一下"路径查找器"面板。选择"窗口"→"路径查找器"命令，打开"路径查找器"面板，如图3-52所示。

使用两个颜色色块，演示一下形状模式区域的各个效果，如图3-53所示。在实际的应用中大家还要经常练习，体会其中的妙处。

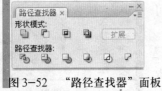

与形状区域相加　　　　与形状区域相交

原始图形

与形状区域相减　　　　排除重叠形状区域

图3-53　形状模式展示

路径查找器区域各个效果的展示，如图3-54所示。

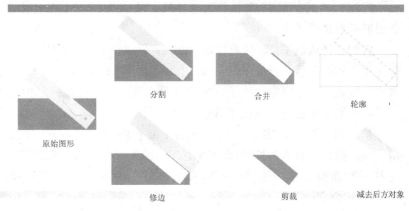

图3-54　复合图形效果展示

通过上面的学习，知道"路径查找器"面板是个很好用的工具了吧。如果能灵活地应用，那制作复杂图形就简单多喽！一定要多多练习，会给以后的工作带来意想不到的收获的。

对于复合图形的应用，请查看3.5.2小节中的介绍。

3.3.5　编组与扩展对象

我们学会了制作复杂的对象，也学会了将它们有秩序地排列和对齐，接下来要学习的编组和扩展可以更好地组织对象。

1. 编组

在什么情况下编组呢？如果需要将多个对象作为整体选取或同时进行某种操作，这时就需要将对象编组。

按下Ctrl+G组合键，或者选择"对象"→"编组"命令，即可将选中的多个对象编组，编组后的对象就可以作为一个整体进行移动、旋转、复制等操作。

> 可以将多个对象编组，同样也可以分解编组。选中对象，按下Shift+Ctrl+G组合键，或者选择"对象"→"取消编组"命令，即可解散编组对象。

在绘制的复杂图形中，只需轻轻一点，就把群组的对象选择出来了，如图3-55所示。有了编组这个"管理者"，我们的图形操作起来是不是容易多了？呵呵。

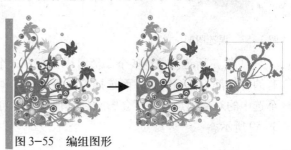

图3-55　编组图形

2．扩展

呵呵，看过扩展在基本术语部分的"自我介绍"了吧，下面就要学习如何将复合图形进行扩展了。

我们已经认识了"路径查找器"面板，也学会了应用其中的功能按钮创建复合图形。创建复合图形之后，面板中的 扩展 按钮什么时候可以用呢？设计好的作品，最后通过客户的确认，就要将它输出了，输出作品之前，就应该选择应用 扩展 命令，这样也是为了防止别人不经意间修改了作品。

扩展复合图形的方法是：首先选中复合图形，然后在"路径查找器"面板中单击 扩展 按钮，将永久性地组合路径，如图3-56所示。或者单击面板右上角的按钮，在打开的面板菜单中选择"扩展复合形状"命令，也可以扩展图形。

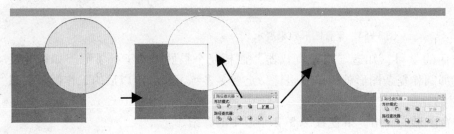

图3-56　扩展图形

3.3.6　锁定与隐藏对象

复杂的对象一般由多个独立的图形组合而成，这些个体也许存在在一个图层中，也许存在多个图层之中。呵呵，图形多了，也有相互干扰的时候，比如，想编辑大海上面的图形，总是误选海面图形，如图3-57所示。

针对这种情况，我们可以将编辑好的图形锁定或者隐藏起来，编辑好所有的图形后再将它们解除锁定或显示出来。Illustrator CS3就提供了这些方法，下面我们来共同学习一下吧。

1．锁定与解锁对象

如图3-58所示，在"对象"→"锁定"命令中提供了3种锁定对象的方式。

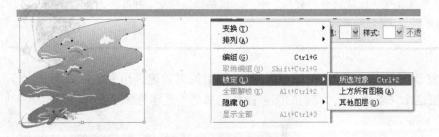

图3-57　误选图形　　　　　　图3-58　菜单

（1）锁定所选对象。多个图形可以共存在一个图层内，如果我们锁定了这个图层，所有的对象都不能编辑了。而选择"对象"→"锁定"→"所选对象"命令，就可以将某个选中的对象锁定，而不会影响到其他图形。可以通过图层面板查看锁定的图形，如图3-59所示。

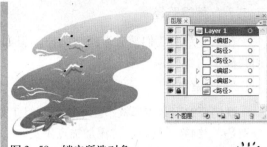

图 3-59　锁定所选对象

　　　锁定所选对象的快捷键是 Ctrl+2。按下 Alt+Ctrl+2 组合键就可以解除所有锁定。

　　（2）锁定上方所有图稿。选择"对象"→"锁定"→"上方所有图稿"命令，可以锁定当前选中图形所在图层上面的图形，通过图层面板观看效果，如图 3-60 所示。

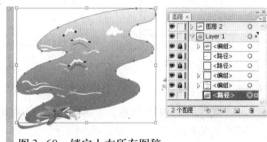

图 3-60　锁定上方所有图稿

　　（3）锁定其他图层。有的作品中有两个以上的图层，这时选择"对象"→"锁定"→"其他图层"命令，将锁定选中图形以外的所有图层，如图 3-61 所示。

　　2．隐藏与显示对象

　　学会了锁定对象，隐藏对象就不攻自破了，在对象菜单中同样提供了隐藏对象的方法，如图 3-62 所示。隐藏所选对象的快捷键是 Ctrl+3，而显示对象的快捷键是 Alt+Ctrl+3。

　　关于对象的隐藏，大家多多练习一下就可以了，在此就不多说了。

图 3-61　锁定其他图层

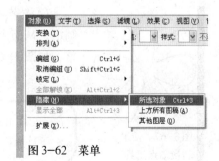

图 3-62　菜单

3.3.7 编辑路径

在第 2 章中我们学会了绘制路径，但如何将路径美化得更符合要求呢？下面，我们共同学习编辑路径的方法。

1. 钢笔工具组

既然要编辑路径那就不能不说到钢笔工具了，工具栏中的钢笔工具组里有 4 个工具，分别是："钢笔工具" 、"添加锚点工具" 、"删除锚点工具" 和 "转换锚点工具" 。这些工具都跟路径有着不可或分的关系。只要按住工具栏里的钢笔工具 不放，就会弹出如图 3-63 所示的隐藏选项。

（1）钢笔工具。大家都知道钢笔工具是绘制路径的主要工具之一，在绘图区里使用 "钢笔工具" 在画面里绘制一条路径，如图 3-64 所示。

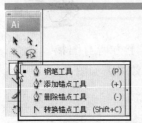

图 3-63　钢笔工具的隐藏选项　　　　图 3-64　使用钢笔工具绘制路径

（2）添加锚点工具。路径绘制好了，如果大家觉得锚点不够的话怎么办呢？这时就要用到 "添加锚点工具" 了，选中 "添加锚点工具" ，这个工具的图标上多了一个小加号，这就代表它可以加点，然后在想要加点的路径上单击鼠标，就会看见路径上多了几个可以调节的锚点，如图 3-65 所示。

（3）删除锚点工具。这个工具和 "添加锚点工具" 正好是相反的，它主要用来删除多余的锚点，选择 "删除锚点工具" ，在路径上单击多余的锚点，就会出现如图 3-66 所示的效果。

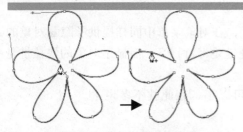

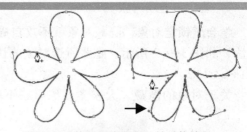

图 3-65　使用添加锚点工具后的效果　　　图 3-66　使用删除锚点工具后的效果

（4）转换锚点工具。这个工具是用来调节路径上各个锚点的控制柄，从而来调整路径。选择 "转换锚点工具" ，对路径进行调整，如图 3-67 所示。

图 3-67　使用
转换锚点工具

转换锚点工具只能调整锚点的控制柄，它不能对锚点的位置进行调整。

2．直接选择工具

"直接选择工具" 也是编辑路径最好用的工具之一，它可以任意移动路径中锚点的位置，还可以对控制柄进行调整。单击选择工具栏里的"直接选择工具" ，在画面里调整路径锚点的位置，如图3-68所示。

3．平滑工具

图3-68　使用直接
选择工具调整锚点

"平滑工具" ，顾名思义就是将绘制的路径平滑处理，它主要是通过平滑角点和删除节点来平滑路径。比如，使用"矩形工具" 绘制一个矩形，记住一定要先选中矩形，然后使用"平滑工具" 在路径节点上拖曳鼠标，就可将路径修饰得平滑一些，如图3-69所示。

4．橡皮擦工具

使用"橡皮擦工具" 可以擦断绘制好的路径，不过对没有闭合的路径与闭合的路径，使用橡皮擦工具还是有一定区别的。下面来看看它们的区别。

（1）闭合路径。给闭合路径使用橡皮擦有一个缺陷，就是使用了橡皮擦的路径虽然会被擦掉，但是橡皮擦的边缘地方又会建立起新的路径，如图3-70所示。

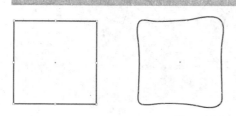

图3-69　使用平滑工具平滑路径

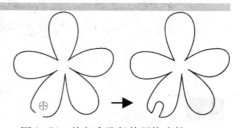

图3-70　给闭合路径使用橡皮擦

（2）敞开路径。与闭合路径相比，敞开的路径使用橡皮擦就方便多了，可以在路径的任意地方单击或拖动橡皮擦，不用担心它的边缘再建立起新路径，如图3-71所示。

5．剪刀工具

"剪刀工具" 的道理和"橡皮擦工具" 差不多，唯一不一样的就是，前者是采用单击鼠标裁剪的方法来去掉路径，而后者则是采用擦除的方

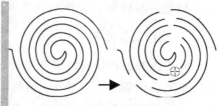

图3-71　给敞开路径使用橡皮擦

法来擦除路径。我们可以在"橡皮擦工具" 的隐藏选项里找到这个工具。选中一个绘制好的路径，然后选择工具栏里的"剪刀工具" ，在想要去除路径的起点点第一个点，再在想停止的地方点第二个点，然后用"直接选择工具" 选中两点之间的路径，按下Delete键，此路径就会被剪掉，如图3-72所示。

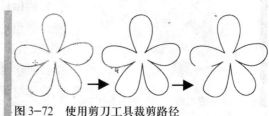

图3-72　使用剪刀工具裁剪路径

被断开的路径，只要使用"钢笔工具" 再进行连接，还是会回到以前的样子。

6. 美工刀工具

"美工刀工具" 就是把一个路径"一刀切下去"，从而去掉多余的路径。选中一个路径，然后在橡皮擦工具的隐藏选项里选择"美工刀工具" ，在路径上拖动鼠标画出一条线，然后就会发现路径上多了一条分割线（这就是美工刀要裁剪的地方），使用"直接选择工具" 选中分割线的另一半路径，按下 Delete 键，路径就被删除了，如图 3-73 所示。

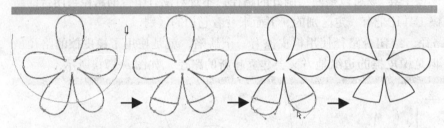

图 3-73　使用美工刀工具修剪路径

3.4　基础应用

图形的选取和编辑在设计中是最常见不过的，它们可以应用到各个方面来给作品添彩，但想应用好可不是件容易的事，下面我们来看看怎样才能用好它们。

3.4.1　制作背景图形

背景图形的作法可以说是多种多样，而本章学习的内容是制作背景图形的要点。众所周知，钢笔工具和对象的调整工具，都是制作图形的必备工具，那接下来我们就看看使用这些工具都能制作出什么好看的背景图形。

1. 绘制多变路径

只要是制作图像，就一定离不开绘制路径，只要路径绘制得好不管放到哪里都会引人注目，哪怕是当"绿叶"来衬托其他的图形，如图 3-74 所示（此图片引自网络，作者不详）。这幅图里背景的树枝是完全使用路径绘制的。当然一笔是不可能绘制出这样的路径的，要通过"直接选择工具" 、"钢笔工具" 等修改完成的。使用"钢笔工具" 绘制路径或添加锚点时，锚点的位置一定要按照需要的形状轮廓精确地添加，万不可以随意添加。否则，不仅

图 3-74　使用路径绘制的背景图形

添加完的路径不好调整，还会降低图形的美观度。

2．改变图形数量

背景图形的图案有单一的也有被复制出好多叠压在一起的，如图3-75所示。这幅图就是把绘制好的云朵使用"选择工具"进行复制和移动产生的效果。我们也可以绘制不同的图案，来进行复制和移动。

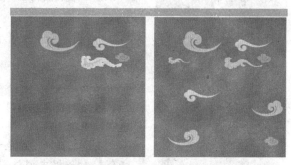

图3-75　复制图形

3．排列图形

在好多背景图形上，都会使用整齐有序的图形。其实很简单，只要利用Illustrator CS3里的对齐分布命令，把对齐的图形全选，再使用对齐面板里的任意一个命令，就可以达到想要的效果，如图3-76所示。

图3-76　对齐圆形

3.4.2　复合图形的应用

复合图形在作品里可能是看不出来的，只有在做的时候才知道。不过复合图形应用的时候有一个方便之处，即它可以把一个封闭的图形分割成多块，复合后给不同的块添上不同的颜色，如图3-77所示（此图引自网络，作者不详）。虽然复合图形方便好用，但不要乱用呀，复合命令一旦把路径或图形复合了，就会把他们给转换成面，修改起来就要费点事儿，如果要更改描边颜色的话，选中描边就会把整个描边色给修改了。

图3-77　复合图形效果

3.5 案例表现——时尚花纹

学完了图形的选取和编辑，下面利用所学的知识来做一个如图3-78所示的好看的花纹效果吧！

图3-78 时尚花纹

01 绘制圆角矩形。选择工具栏里的"圆角矩形工具" ，在画面里拖动鼠标绘制一个黑色的圆角矩形，如图3-79所示。

在绘制圆角矩形时，怎么才能控制圆角的弧度呢？有两个办法，一是选择"圆角矩形工具"后就在绘图区的空白地方单击，在弹出的"圆角矩形"对话框中调整"圆角半径"的数值，来更改圆角大小。二是在绘制好的圆角矩形上单击，同样弹出"圆角矩形"对话框，修改数值后单击"确定"按钮后它会自动生成一个新的圆角矩形。

图3-79 圆角矩形

02 绘制花纹枝干。选择"钢笔工具" ，把描边颜色改为白色，填充改为无。在黑色背景上绘制一条弯曲的路径，如图3-80所示。刚开始绘制的时候可能很难控制鼠标和控制柄，不要着急，慢慢练习就会应用自如。左半部的枝干绘制好了，再接着绘制右半部的，如图3-81所示。这样花纹的初步枝干就绘制好了。

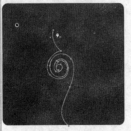

图3-80 绘制左半部路径

在绘制弯曲角度较大的路径时尽量把拖拉鼠标的幅度加大，并结合"直接选择工具" 来调整路径。在绘制时，路径最好从最下面开始往上绘制，这样才能尽可能地用一条路径绘制完图形。

图3-81 绘制右半部路径

03 填充枝干颜色。选中刚才绘制好的枝干路径，单击工具栏下方的"互换填色和描边"按钮 ，这时描边色就会和填充色互换，而枝干也会从路径转换成有填充色的图形，如图3-82所示。

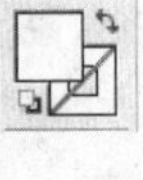

图3-82 互换填充色

04 绘制叶子。接下来绘制枝干上的叶子，使用"钢笔工具" 在枝干的下方绘制一条叶子形状的路径，再在枝干右侧绘制一条小的弯曲路径，如图3-83所示。

为了使枝干显得更丰富我们还要再多绘制一些叶子，按照如图3-84所示的分布来绘制。

图3-83　绘制叶子

05 填充叶子颜色。和填充枝干颜色一样，单击工具栏下方的"互换填色和描边"按钮 ，把描边色和填充色换过来，如图3-85所示。

图3-84　绘制叶子

图3-85　填充叶子

想要快捷地变换描边和填充颜色，只要选中路径或图形，再按下快捷键Shift+X，就可以了。

06 绘制底纹圆圈。选择"椭圆工具" ，在绘图区里按住Shift键拖动鼠标左键绘制一个灰色（K：70）的正圆，选中该圆的同时按住Alt键拖动圆形，就会复制出一个相同大小的圆，如图3-86所示。再选择"自由变换工具" ，对圆形进行大小和位置的调整，最后把它们排列成如图3-87所示的形状。

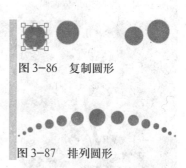

图3-86　复制圆形

图3-87　排列圆形

07 组合底纹图案。选中排列好的圆形，再选择"自由变换工具" ，把图形进行旋转，然后按住Alt键拖动并复制一个出来，如图3-88所示。全选中两个排列好的圆形，按住Alt键并拖动鼠标复制，并把它们调整成如图3-89所示的样子。

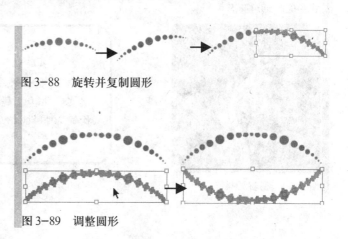

图3-88　旋转并复制圆形

图3-89　调整圆形

旋转圆形的时候，可以用鼠标按住上面的选择线来往下拖拽。在拖拽上面的选择线时，下面的选择线会静止不动，拖到适合位置时再松开鼠标就行了。

图3-90 调整底纹

图3-91 绘制边角装饰圆形

图3-92 调整圆形

图3-93 最终效果

08 调整底纹位置。选中绘制完毕的图形，再选择"对象"→"编组"命令，把它们编成一个组以方便调整。然后再把图形拖到花纹的中间，如图3-90所示。这时圆形是在花纹的上层的。单击鼠标右键，选择"排列"→"后移一层"命令，图形就会往后移一层，反复几次，直到图形移至花纹的下层即可。

09 绘制边角装饰。为了和底纹的圆形呼应起来，我们给图像的边角也加一些圆形的装饰图案。使用"椭圆形工具" ◎ 绘制一个橘黄色（C：14、M：61、Y：92）的正圆并进行复制，然后使用"自由变换工具" 进行位置的调整，如图3-91所示。

10 最终效果。选中刚才绘制好的圆形，选择"对象"→"编组"命令把它们进行群组，再复制并调整位置到圆角矩形的四个圆角处，如图3-92所示。取消选择后，时尚花纹的效果就绘制好了，如图3-93所示。

对象编组不仅可以使用菜单栏里的命令，还可以使用快捷键Ctrl+G，解组时就要使用快捷键Ctrl+Shift+G了。

3.6　疑难及常见问题

1.如何自如地隐藏和显示对象

前面学习了如何隐藏对象，但想显示对象的时候怎么办呀？其实很简单，只要在画面里单击鼠标右键，在弹出的菜单中选择"还原隐藏"命令，或选择"对象"→"显示全部"命令，被隐藏的图像就会全部显示了，如图 3-94 所示。

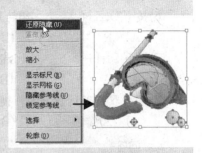

2.如何快速选中节点

在 Illustrator CS3 中，节点的选择更加智能化了。将鼠标放到需要选中的节点上，节点会自动放大显示，然后单击即可选中该节点，如图 3-95 所示。

图 3-94　显示图像

3.什么情况下使用复合图形和复合路径

在绘制图形的时候，我们通常会遇到把一个图形分成很多块，然后在里面进行不同的颜色填充，这时候就要使用复合路径了，因为只有复合路径才能达到这个效果。

4.什么情况下需要扩展复合图形

图 3-95　选中节点

复合图形在下述 3 种情况下需要扩展。

(1)复合图形非常复杂，使用速度变慢，这时需要扩展。

(2)如果图形的约束框比可编辑的图形小，依赖于约束框的操作将影响所有的排列命令和某些变形，这时需要扩展图形。

(3)将复合图形作为封装使用时，必须将它扩展。

3.7　习题与上机练习

1. 选择题

(1)(　　　)工具只能对锚点的控制柄起作用。

  (A) 转换锚点　　　(B) 钢笔　　　　(C) 直接选择　　　(D) 选择

(2)按下 Ctrl+(　　　)键可以隐藏图形。

  (A) 1　　　　　　(B) 2　　　　　　(C) 3　　　　　(D) 4

(3)无限制地撤消操作，快捷键是 Ctrl+(　　　)。

  (A) S　　　　　　(B) B　　　　　　(C) Z　　　　　(D) A

(4)切换"预览"和"轮廓"视图模式的快捷键是 Ctrl+(　　　)。

  (A) C　　　　　　(B) Y　　　　　　(C) D　　　　　(D) K

(5)按下 Ctrl+(　　　)键将按适合当前窗口大小显示图形，按下 Ctrl+1 键使图形 100% 显示。

  (A)　0   (B)　1   (C)　2   (D)　3

(6)按下 Ctrl+(　　　)组合键可以快速地显示或隐藏标尺。

  (A)　R   (B)　S   (C)　T   (D)　V

(7)按下 Ctrl+(　　　)组合键显示智能参考线。

  (A)　A   (B)　P   (C)　U   (D)　D

(8)如果双击工具条上的，视图将被(　　　)显示。

  (A)　20%   (B)　50%   (C)　75%   (D)　100%

2.　问答题

(1)如何还原多次操作？

(2)怎样快速缩放图形？

(3)怎样应用智能参考线？

3.　上机练习题

(1)进一步熟悉 Illustrator CS3 的界面。

(2)认识位图与矢量图之间的区别。

(3)练习参考线、智能参考线以及网格的显示和使用。

第 4 章
图形的填充和变形

4

本章内容

实例引入——金沙滩

基本术语

知识讲解

基础应用

案例表现——娱乐金沙滩

疑难及常见问题

习题与上机练习

本 章导读

想让你的画面与众不同、吸人眼球吗？那就快来学习这一章吧，在这一章中我们将学习如何给图形填充各种颜色，如何让图形神奇百变。听起来很诱人吧，那就开始吧！

4.1 实例引入——金沙滩

如图 4-1 所示，好漂亮的金沙滩呀！看了后会不会有种心旷神怡的感觉呢？那逼真的水面和软软的沙子，给人一种凉爽夏日的感觉，是否已经有了学习的欲望呢？

图 4-1 金沙滩

4.1.1 制作分析

"金沙滩"效果乍看好像很复杂，其实做起来是很简单的。它由橘黄色的渐变天空、蓝色的海水、黄色的沙滩和太阳组成，如图 4-2 所示。把这些都绘制好后一幅美丽的"金沙滩"就好喽！

图 4-2 单独的图形

4.1.2 制作步骤

01 绘制渐变天空。选择具栏里的"矩形工具" ▣，单击绘图区域后会弹出"矩形"对话框，我们设定矩形的宽为 200mm、高为 100mm，选中该矩形后按下 Ctrl+F9 组合键打开"渐变"面板，单击颜色条的下方，出现两个颜色块，如图 4-3 所示。双击第一个颜色块弹出颜色面板，由于默认状态下是灰度的，所以我们单击"颜色"面板右上方的下拉箭头 ▤，把它改成"CMYK"格式的，再把颜色调成白色。回到"渐变"面板，用同样的方法把第二个颜色块改成深黄色，这时矩形里的渐变会变成如图 4-4 所示。

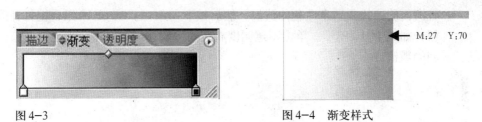

图4-3　　　　　　　　　　　　　　　　　图4-4　渐变样式

　　因为天空的颜色是从上往下渐变的，所以要调整渐变的方向。选择"渐变工具"▣，在矩形里按住鼠标左键由下往上拖动，拖到一定位置后松开鼠标，天空就绘制完成，如图4-5所示。

02 绘制海面路径。在工具栏里选择"钢笔工具"◊，在绘图区画出一个弯曲的、像海面的路径，如图4-6所示。

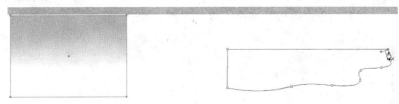

图4-5　调整后的渐变　　　　　　　　图4-6　海面路径

03 填充海面渐变。选中绘制的海面路径，打开渐变面板，用刚才讲过的方法把第一个颜色块改成淡粉色(C:2、M:20、Y:30、K:0)，再把第二个颜色块改成天蓝色（C:45），调整好后用"渐变工具"▣把渐变调成由下往上渐变，如图4-7所示。

04 绘制沙滩。用"矩形工具"▣绘制出一个矩形，按下Ctrl+F9组合键打开渐变面板，把第一个颜色块调整为白色，第二个颜色块调整为米色（C:2、M:14、Y:27、K:6），用"渐变工具"▣修改成上下渐变，如图4-8所示。

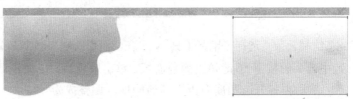

图4-7　海面　　　　　　　　　　　　图4-8　沙滩

05 组合沙滩和海面。沙滩和海面是不可分割的，所以要把它们组合到一起去。先选中海面，然后在海面上单击鼠标右键，在弹出的菜单中选择"排列"→"置于顶层"命令，再把海面拖到沙滩的上面，如图4-9所示。

图4-9　海面和沙滩

06 绘制波浪。看到上面的图是不是觉得有些别扭呀？这是因为海面和沙滩的结合处太过直接了，我们可以在结合的地方画一些波浪。选择工具栏里的"钢笔工具"◊，沿着海面的曲线画一条白色的波浪，然后按下 Shift+Ctrl+F10 组合键打开透明度面板，如图 4-10 所示。单击不透明度右边的箭头会出现滑条，拖动滑条来调整不透明的数值。

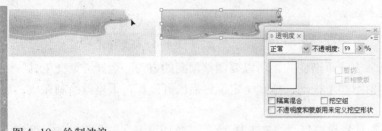

图 4-10　绘制波浪

07 复制波浪。选中调整好透明度后的波浪，按住 Alt 键的同时拖动波浪，会看到波浪被复制出来，可以按照个人要求来摆放波浪的位置，如图 4-11 所示。

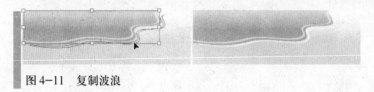

图 4-11　复制波浪

在画对接处的波浪时，要沿着海面的弯曲方向来画，可以把波浪画在沙滩上，也可以画在海面上，多画几条，按照需要改变一下透明度，就会发现它们好像变成了一层层的浪花。

08 绘制云朵。选择"钢笔工具" ，在画面里绘制出一个云朵的形状，如图 4-12 所示。选中云朵后按下 F6 键弹出颜色面板，单击填色块，把颜色调整成白色，如图 4-13 所示。然后再打开透明度面板把"透明度"调整成为 35。

图 4-12　绘制云朵

图 4-13　改变填充色

09 绘制太阳。选择"椭圆工具" ，在画面里拖动鼠标绘制出一个圆，在颜色面板里把填充色调成橘黄色（M:33，Y:83）。

10 最终效果。根据图 4-1 的样子，把刚才绘制的图形都排列到一起，这样一幅美丽的金沙滩就做好了，如图 4-14 所示。

图 4-14　最终效果

4.2　基本术语

这一章要学习的都是关于图形填充和变形的术语，虽然有好多术语大体意思差不多，但是千万不要把它们混为一谈喔！

4.2.1　渐变

渐变就是颜色过滤。渐变可以是径向的也可以是线性的。如果要对一个对象运用渐变，可以选中该对象后单击渐变面板，更改下面的色标颜色即可，如图4–15所示。

图4–15　渐变面板

4.2.2　透明度

Illustrator CS3中的透明度功能是现今所有矢量绘图软件中最为灵活控制的，多样化的。透明度为100%时，对象处于完全不透明状态；透明度为0%时，对象则被完全看穿，也就是不可见。我们可以对任何图层、群组对象（包括渲染图像，文字等）进行透明度设置，也可以对一些类型的效果（如阴影、羽化和发光）应用不透明度的特性。

在工具属性栏的不透明度选项中，"透明度"面板中均可设置对象的不透明度，如图4–16所示。

图4–16　透明度面板

4.2.3　镜像

"镜像工具" 可以以一个固定轴来翻转对象，并且还可以在翻转的同时复制对象，如图4–17所示。

图4–17　镜像效果

4.2.4　比例缩放

"比例缩放工具" 可以把一个图形或字体按规定的比例进行放大和缩小，也可以在调整的同时复制对象，如图4–18所示。

图4-18 比例缩放效果

4.2.5 倾斜

"倾斜"命令能让图形向某一个方向倾倒，也可以让图形按规定的角度倾斜，还可以在倾斜的同时复制对象，如图4-19所示。

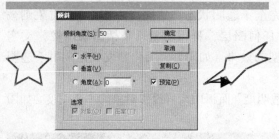

图4-19 倾斜效果

4.2.6 封套扭曲

选择"对象"→"封套扭曲"菜单下的命令，可以将图形对象基于一个路径生成目标路径的形状。其实封套扭曲命令还可以将图形对象做成具有褶皱或卷曲的效果。下面选中绘制的星形，选择"对象"→"封套扭曲"→"用变形建立"命令，对星形进行变形操作，效果如图4-20所示。

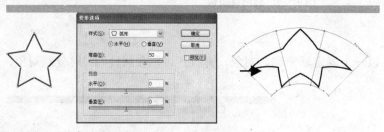

图4-20 封套扭曲效果

4.3 知识讲解

这一节的内容就像做家俱一样——构图与着色，大家一定要把工具充分利用好噢！

4.3.1 单色填充

单色填充就是填充单一的颜色。Illustrator CS3提供给大家很多方法，下面将逐一介绍，大家要做"喷漆工"喽！

1．使用色板面板和颜色面板

(1)"色板"面板。

首先选中你要填充的对象，在"色板"面板中单击选择合适的颜色块，即可将颜色填充到图形，如图4-21所示。

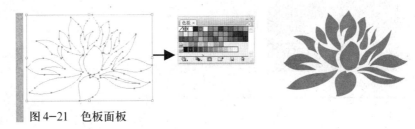

图4-21　色板面板

(2)"颜色"面板。

首先选中要填充的对象，在颜色面板上调整颜色滑块（按X键可在填充和描边之间进行切换），找到需要的颜色，如图4-22所示。

> 在"窗口"菜单中，可以选择打开或隐藏"色板"面板和"颜色"面板，或者按下F6键快速显示"颜色"面板。

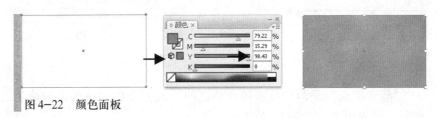

图4-22　颜色面板

2．使用"吸管工具"

选中需要填充的对象，然后使用"吸管工具" 在其他对象上单击，拾取合适的颜色，即可将拾取的颜色填充到选中的对象上，其过程如图4-23所示。

图4-23　使用吸管工具填充颜色

3．使用"拾取器"对话框选色

选中目标图形，然后双击工具箱中的"填色"图标，弹出"拾色器"对话框，如图4-24所示。从中设置想要的颜色，然后单击 确定 按钮即可为图形填色。

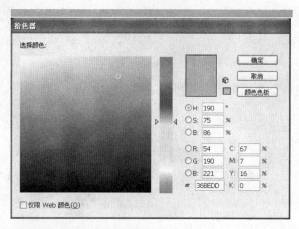

图4-24 "拾色器"对话框

4．使用色板和颜色板

选中需要填充的图形，单击属性栏中的填充色右侧的按钮，打开"色板"面板，如图4-25所示，从中选择合适的颜色；或者按住Shift键单击属性栏中的填充色，出现"颜色"面板，如图4-26所示，从中调整颜色滑块找到需要的颜色也可为图形填充颜色。

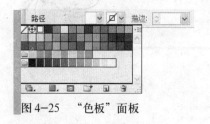

图4-25 "色板"面板

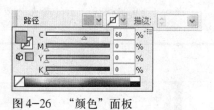

图4-26 "颜色"面板

4.3.2 渐变填充

"渐变填充"是两种及多种颜色之间，或同一种颜色的各种淡色之间逐渐变化的效果。渐变填充主要有以下几种方法。

1．使用渐变面板进行填充

(1)绘制一个黄色的矩形，选中该图形，按下Ctrl+F9组合键打开"渐变"面板，默认状态下渐变颜色条为灰度模式，如图4-27所示。

用鼠标左键单击渐变条，色条下面就会出现左右两个颜色块，如图4-28所示。

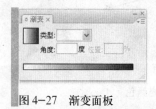

图4-27 渐变面板

图4-28 出现滑条的面板

接下来要为颜色块重新设置颜色了，我们先改变一下颜色样式，单击颜色条下方任意一个颜色块，可以打开颜色面板进行编辑，单击面板右上方的 键就会弹出"模式选项"菜单，通常我们会把颜色模式调成"CMYK"，如图4-29所示。

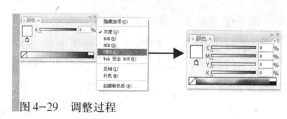

图4-29 调整过程

这时就可以拖动颜色块来调出我们需要的颜色了。用相同的方法再对另一个颜色块进行调整就可以了!

添加渐变颜色可以从色板里选中一个颜色,按住鼠标左键直接拖到渐变面板里的渐变色条上就行了!

（2）在"渐变"面板里我们会看到有几个选项:类型、角度、位置。"类形"分线性和径向两种效果,如图4-30所示。

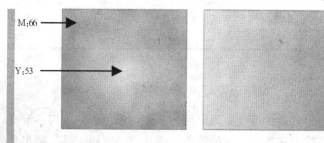

M;66

Y;53

图4-30 "径向"和"线性"两种效果

"角度"能调整渐变的方向,不同角度的渐变会出现不同的效果。"位置"可以通过渐变条上方的滑动条进行调整,滑动条越靠近哪个颜色,该颜色渐变就会越少,如图4-31所示。

（3）如果想多加几种颜色一起渐变的话,可以将鼠标指针放到渐变条底部单击,就能直接添加新的色标进而得到新的颜色,如图4-32所示。

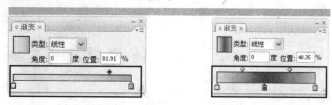

图4-31 调整渐变位置　　图4-32 添加色标

若不想要手动添加的色标了,选中该色标直接拖拽到"渐变"面板外就可以了!

色标可以随意添加和删除,可是渐变色条上面的滑块却不能添加和删除,因为它是随着添加颜色而添加的。

2．使用渐变工具添加颜色

"渐变工具" ▣的使用是结合颜色面板和渐变面板进行的，首先选中一个图形，然后双击工具栏里的"渐变工具" ▣，会弹出"渐变"面板，运用前面讲到的知识来调整渐变面板里的颜色，调整好后在需要填色的图形里，按住鼠标左键拖拽，颜色就填充上了，如图4-33所示。

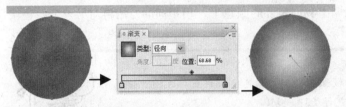

图4-33　利用渐变工具填充

有些渐变效果很复杂，不可能一次就做好，可以使用"渐变工具"反复拖拽鼠标调整渐变。

4.3.3　网格渐变填充

普通的渐变学习完后，我们再来了解一下网格渐变。在矢量图里经常会看到一些逼真的现实效果，这种效果主要是用"网格工具"做出来的。"网格工具" ▣是对渐变颜色的一个很好的补充，可以使颜色或效果更生动。下面开始学习吧！

1．使用"网格工具" ▣进行渐变

(1)到颜色面板里把边框颜色调成粉红色，填充颜色调成深粉色，如图4-34所示。选择工具栏里的"钢笔工具" ▣，绘制出一个心形，如图4-35所示。

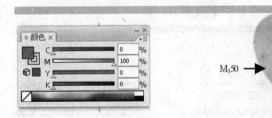

图4-34　"颜色"面板　　　　　图4-35　　"心形"图形

(2)选中要填充的图形，选择"网格工具" ▣，在心形图形上单击添加一组交叉的网格线，选中交叉点的锚点，在颜色面板里选择白色，颜色就从交叉点向外逐渐过渡到粉色了，如图4-36所示。

2．使用菜单命令添加网格渐变

(1)选中绘制好的图形，选择"对象"→"创建渐变网格"命令，这时会弹出"创建渐变网格"对话框，在对话框中直接进行属性的设置，如图4-37所示。

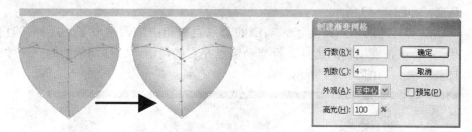

图4-36　渐变过程　　　　　　　　　　　　　图4-37　创建渐变网格对话框

(2)"行数"和"列数"代表在图形里出现的横、纵网格的数量。在"外观"下拉列表中有3个选项，如图4-38所示。

"平淡色"表示网格中所有锚点的颜色相同；"至中心"表示中心为亮色，周围为初始化的颜色；"至边缘"表示边缘为亮色，中心为初始化颜色。"高光"选项可以突出显示效果，百分比越大效果就越强烈，调整以后单击 确定 按钮，效果如图4-39所示。

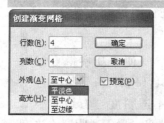 

图4-38　"外观"下拉框　　　　　　　　　图4-39　调整后效果

> 网格的数量不宜过多，否则调整起来会很麻烦，尽量是需要多少就添加多少。

3．编辑网格节点

绘制一个红色的圆形，使用"网格工具" 在如图4-40所示的位置单击，添加一个节点，并在颜色面板中设定填充色为白色。再在如图4-41所示的位置单击，继续添加一个节点。

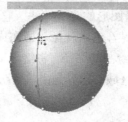 

图4-40　添加节点填充颜色　　　　　图4-41　二次添加节点

然后调整第一次添加的节点，用鼠标左键向上拖拽该点到适当位置，以调整高光角度，如图4-42所示。

由于高光的节点改变了，周围的节点也要相应地调整一下，选择"直接选择工具" ，单击要调整的锚点，再拖动锚点左右的调柄；这样调整后的高光才会让人看起来舒服，如图4-43所示。

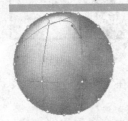

图4-42 调整后的节点　　　　图4-43 修改后的各节点

4.3.4 半透明填充

透明度是Illustrator CS3里最有特色的特性之一，它可以使图形或文本等变成透明，透明的程度可以在面板栏里进行调整。

1．透明度的设置

绘制蓝色和棕色的图形各一个（便于观察得更仔细），选中其中蓝色的图形，按下Ctrl+Shft+F10组合键打开"透明度"面板，单击"不透明度"右边的小箭头就会出现调整的滑块，拖动滑块来设置不透明度的数值，从而达到透明的效果。为了使透明的效果更好，棕色图形放在改变了透明度图形的后面，如图4-44所示。

通过改变了透明度的蓝色三角形，我们很容易就看到了叠在下面的棕色三角，是不是很神奇呢？

图4-44 透明效果

把图形置于另一图形上或下有两个方法，第一是选中图形后单击鼠标右键，选择"排列"菜单中的排列方式进行排列。第二就是使用快捷键，选中所需的图形后按下Ctrl键再按}或{键。置于最上／下层就同时按下Ctrl+Shift+}/{键即可！

4.3.5 实时上色

"实时上色"是一种创建多彩矢量图形的直观方法。它是通过将图稿转换为实时上色组，使用"实时上色工具" ，实现着色，就像对画布或纸上的绘画进行着色一样。Illustrator CS3的所有矢量绘画工具绘制的路径，将绘画平面分割成几个区域，可以对其中的任何区域进行着色，而不论该区域的边界是由单条路径还是多条路径确定的。并且可以利用重叠路径创建新的形状。

1．建立实时上色组

建立实时上色组，是进行实时上色的前提条件。将路径对象转换为实时上色组的方法有以下两种。

(1)选中路径对象，选择"对象"→"实时上色"→"建立"命令。

(2)使用"实时上色工具" 单击选中的对象，即可将对象转换为实时上色组。

2．使用"实时上色工具" 上色

使用"实时上色工具" 可以为上色组的表面填色和为边缘描边上色。如图 4-45 所示，将绘制的多边星形和圆形中心对齐，然后选中这两个图形，使用"实时上色工具" 单击图形，创建实时上色组。接着在色板中选中合适的颜色，单击其中的一个表面就可以为其上色了（当指针位于表面上时，它将变为半填充的油漆桶形状，并且突出显示填充内侧周围的线条），如图 4-46 所示。

> 使用"实时上色工具" 单击表面以对其进行填充。拖动鼠标跨过多个表面，一次可以为多个表面上色。双击一个表面，以跨越未描边的边缘对邻近表面填色（连续填色）。三击表面以填充所有当前具有相同填充的表面。

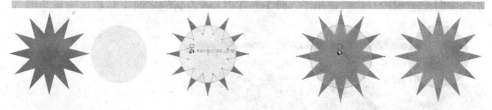

图 4-45　建立实时上色组　　　　　　　　图 4-46　使用实时上色工具填充颜色

3．使用"实时上色选择工具" 选择上色组的项

"实时上色选择工具" 用于选择实时上色组中的各个表面和边缘。如图 4-47 所示。

> 将"实时上色选择工具" 放在表面上时，鼠标指针变为 状态，将指针放在边缘上时，指针将变为 形状；将指针放在实时上色组外部时，指针将变为 形状。

使用"实时上色选择工具" 选择对象的方法有以下 3 种情况。

(1)选择单个表面或边缘。单击需要选择的表面或者边缘即可。

(2)选择多个表面和边缘。拖动鼠标，在选择框范围内的对象将被圈选，或者按下 Shift 键的同时，单击多个项。

(3)选择具有相同填充或描边的表面或边缘。使用鼠

图 4-47　使用实时上色选择工具选择对象

标三击某个对象。或者单击后选择"选择"→"相同"命令。

使用选择工具可以选择整个实时上色组；使用直接选择工具可以选择实时上色组内的路径。

4. 扩展实时上色

通过扩展实时上色组，可以将其变为由单独的填充和描边路径所组成的对象。可以使用"选择工具" 来分别选择和修改这些路径，如图4-48所示。

5. 在实时上色组中添加路径

使用"选择工具" 选中实时上色组和路径，单击

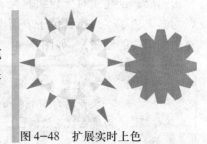

图4-48　扩展实时上色

属性栏中的 合并实时上色 按钮，或者选择"对象"→"实时上色"→"合并"命令，将路径添加到实时上色组内，然后使用"实时上色工具" 为新的实时上色组填充颜色即可，如图4-49所示。

图4-49　在实时上色组中添加路径

4.3.6　混合对象

混合对象功能可以在两个对象之间平均分布形状，如图4-50所示；也可以在对象之间创建平滑过渡；或者组合颜色和对象的混合，在特定对象形状中创建颜色过渡，如图4-51所示。

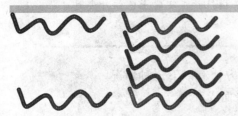
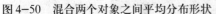

图4-50　混合两个对象之间平均分布形状　　　图4-51　混合渐变效果

在对象之间创建了混合之后，就会将混合对象作为一个对象看待。如果移动了其中一个原始对象，或编辑了原始对象的节点，混合将会随之变化。另外，原始对象之间混合的新对象不会具有其自身的节点。可以扩展混合，将混合分割为不同的对象。

1．创建混合

可以使用"混合工具" 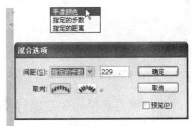 和"混合建立"命令来创建混合。

(1)使用"混合工具" 创建混合。

选中需要混合的对象，使用"混合工具" 依次单击需要混合的对象，将产生混合效果。默认情况下，系统会计算创建一个平滑颜色过渡所需的最适宜的步骤数。若要控制步骤数或步骤之间的距离，双击工具箱中的"混合工具" ，弹出"混合选项"对话框，如图4-52所示。

在对话框中可以设置平滑颜色、指定的步骤和指定的距离。并且还可以设置混合对象的方向，选中"对齐页面" 按钮，可以使混合垂直于页面的x轴，如图4-53所示。选中"对齐路径" 按钮可以使混合垂直于路径，如图4-54所示。

图4-52　混合选项对话框

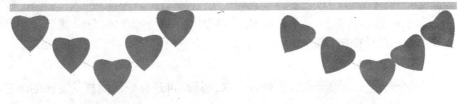

图4-53　使混合对齐页面　　　　　图4-54　使混合对齐路径

(2)使用混合建立命令创建混合

选中要混合的对象，选择"对象"→"混合"→"建立"命令，同样可以建立混合效果。若要控制步骤数或步骤之间的距离，在混合选项对话框中设置即可。

2．反向混合轴和堆叠顺序

(1)反向混合轴。混合轴是混合对象中各步骤对齐的路径。默认情况下，混合轴会形成一条直线。选中混合对象，选择"对象"→"混合"→"反向混合轴"命令，即可颠倒混合轴上的混合顺序，如图4-55所示。

(2)反向堆叠顺序。选中混合对象，选择"对象"→"混合"→"反向堆叠"命令即可，如图4-56所示。

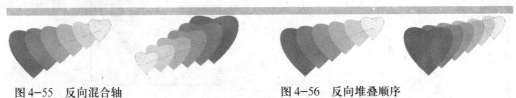

图4-55　反向混合轴　　　　　　图4-56　反向堆叠顺序

3．释放或扩展混合对象

释放一个混合对象会删除混合的新对象并恢复原始对象。选择混合对象，选择"对象"→"混合"→"释放"命令，即可得到原始对象，如图4-57所示。

扩展一个混合对象可以将混合分割为一系列不同对象，选择"对象"→"混合"→"扩展"命令即可，如图4-58所示。然后像编辑其他对象一样编辑其中的任意一个对象。

图4-57　释放混合对象

图4-58　扩展混合对象

4.3.7　使用变换命令变换对象

变换命令可以把图形进行精确的调整，利用这个功能我们可以制作出一些规定角度、间距等有规格的图形。

1．变换命令的使用

选中图形后再选择菜单栏里的"对象"→"变换"命令，就会弹出子命令，如图4-59所示。下面让我们来一一讲解这些命令吧！

（1）再次变换

这个命令主要用于已经变换过一次、还想再进行一次同样的变换的图形。

（2）移动

绘制任意图形，选中该图形，选择"变换"→"移动"命令，弹出"移动"对话框，如图4-60所示。按照需要来调整数值，就可以看见花瓣变样了！

图4-59　变换命令菜单

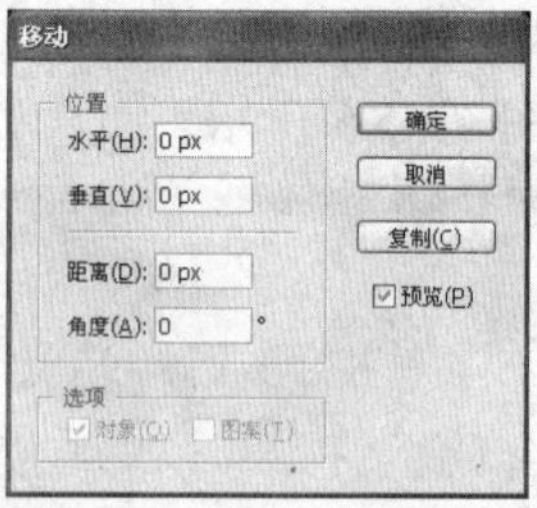

图4-60　移动对话框

（3）旋转

选中图形，选择"变换"→"旋转"命令，弹出"旋转"对话框，输入想要的角度值，会看到图形居然会转了呦！如图4-61所示。

（4）对称

这里的"对称"其实就是镜像，选择"变换"→"对称"命令，打开"对称"对话框"轴"选项组中的水平、垂直、角度选项只能选其中一个，因为不能同时以两个角度镜像，如果想镜像后还保留原图像，就在设置完后再单击按钮，如图4-62所示。

图4-61 旋转过程 　　　　　　　　　　　　　　　　图4-62 对称对话框

（5）缩放

缩放就是改变图形的大小，"等比"缩放和"不等比"缩放只能选其中一个，里面的数值也可以随意调整，如图4-63和图4-64所示。

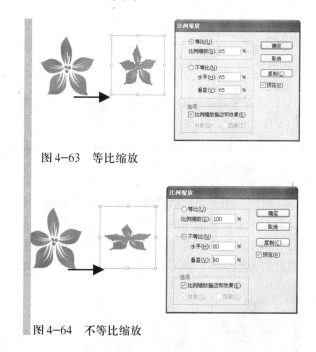

图4-63 等比缩放

图4-64 不等比缩放

（6）倾斜

"倾斜"对话框中的设置和上面讲的大致相同，只要按照需要更改就可以了，如图4-65所示。

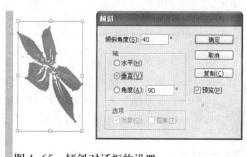

图4-65 倾斜对话框的设置

(7)分别变换

打开"分别变换"对话框会发现它是一个把多种功能集于一身的工具,在这里面我们可以同时对一个图形进行多种编辑,这样就省得去逐一调整,呵呵,是不是既容易又省事呀!如图4-66所示。

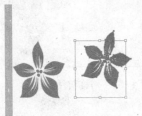

图4-66 分别变换对话框

以上的命令大家要适当地运用,要本着美观、能接受的原则来调整。

4.3.8 使用变换工具

画图形不一定一次就能画好,有些要通过不断的修改,"变换工具" 在这里就帮了我们大忙了!先选中画好的任意一个图形,选择工具栏里的"自由变换工具" ,我们会看到图形的周围有一个调节框,在框上有8个调节点,可以用鼠标控制这些点来改变图形的大小、宽、高等,还可以不规则地旋转图形,如图4-67所示。

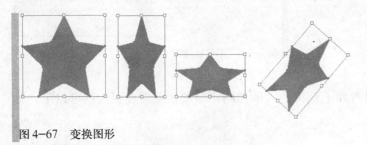

图4-67 变换图形

在变换图形的时候,可能会需要等比例地放大或缩小,如果要在同一位置变化,就按住Shift+Ctrl键再拖动鼠标就可以了。要是想以某一个点为准变换,就只需要按住Shift键再拖动鼠标就好了。怎么样,有了这个简单的办法是不是省了很多事呀!

4.3.9　使用变形工具改变图形形状

图形的变形和变换是完全不一样的，变换只是改变图形的位置和角度，不会对图形有什么改变，而变形是把图形改成和原来完全不一样的形状，在Illustrator CS3里有一个变形工具组，如图4-68所示。下面我们就来学习一下吧！

图4-68　变形工作组

1．变形工具

在画面中绘制一个红色的星形，在工具箱中双击"变形工具" ，弹出"变形工具选项"对话框，设定"宽度"和"高度"均为"40px"，"细节"为"5"，其他参数不变，如图4-69所示。单击 确定 按钮，在星形上选择一个角，按住鼠标左键向上拖动，拖到适合位置再放开鼠标，即可将这个角变形，如图4-70所示。

图4-69　变形工具选项对话框

图4-70　拖动过程

2．旋转扭曲工具

使用"旋转扭曲工具" 可以使图形发生神奇的变化，选择该工具后把鼠标放到需要变形的地方单击鼠标左键再松开，效果如图4-71所示。

图4-71　旋转扭曲过程

3．缩拢工具

选中图形后选择工具栏里的"缩拢工具" ，利用鼠标来控制缩拢的方向，效果如图4-72所示。

图4-72　缩拢过程

4.膨胀工具

选中任意图形后单击工具栏里的"膨胀工具" ，可以单击鼠标或通过鼠标左键来改变图形形状，如图4-73所示。

图4-73 膨胀过程

5.扇贝工具

选择"扇贝工具" ，在对象上单击或者拖曳鼠标，可以创建类似贝壳表面波浪起伏的纹理效果，如图4-74所示。如果按住鼠标的时间越长，产生的效果就会越明显哟！

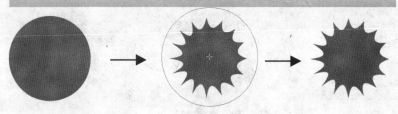

图4-74 膨胀过程

双击工具箱中的"扇贝工具" ，弹出"扇贝工具选项"对话框，如图4-75所示。从中可以设置画笔的尺寸，以及变形效果的复杂性、对象细节的保留程度和工具的使用范围等

我们可以随意设置笔触的大小哟！按住Alt键的同时拖曳鼠标，可以随意控制笔触的大小，按住Shift+Alt组合键拖曳鼠标，则可以按比例控制笔触的大小。变形工具组中的工具都可以使用这种方法设置笔触的大小，不妨试一试。

图4-75 扇贝工具选项对话框

6. 晶格化工具

"晶格化工具" 📄 与"扇贝工具" 📄 的功能相反，它可以使对象产生向外尖锐的锯齿状效果。如图4-76所示，使用"晶格化工具" 📄 在需要变形的位置单击，单击的范围就会产生尖锐的突起，如果继续单击，突起效果就会越强。

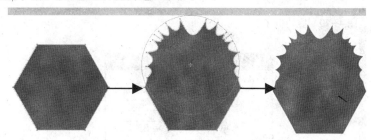

图4-76 晶格化效果

7. 褶皱工具

"褶皱工具" 📄 可以使对象产生不规则的波浪效果，如图4-77所示。如果在单击范围内持续按下鼠标左键，波浪效果就会越强烈。使用这个功能可以制作水中倒影效果呦!

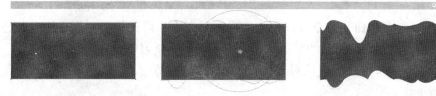

图4-77 褶皱效果

4.3.10 使用其他工具编辑图形

了解了变换、变形工具，我们再来了解一下其他的图形编辑工具，它们对改变图形也有着至关重要的作用。

1. 比例缩放工具

绘制任意图形，双击工具栏里的"比例缩放工具" 📄 ，弹出"比例缩放"对话框，如图4-78所示。可以根据需要来改变对话框里的数值，设置好后单击按钮，即可将选择的对象进行缩放。

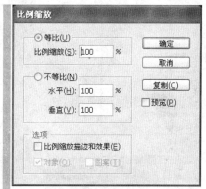

图4-78 比例缩放对话框

2. 旋转工具

选中一个图形，单击工具栏里的"旋转工具" 📄 ，先用鼠标左键选择一个点，然后按住左键拖动图形，就会发现图形旋转起来了，如图4-79所示。

3. 镜像工具

按住"旋转工具" 📄 不放，在弹出的工具组中选择"镜像工具" 📄 ，在图形上就会出现许多调节点，然后按下Shift+Alt组合键同时用鼠标单击镜像点，这时会弹出"镜像"对话框，如图4-80所示。可以根据需要来设置里面的数值。

图4-79　旋转例子

图4-80　镜像调整

4.3.11　使用"封套扭曲"命令使图形变形

"封套扭曲"命令可以把文字或图形变成弧形、拱形、旗形等有特色的形状，还可以手动添加网格来调整形状，让我们一起来学习吧！

选择菜单栏里的"对象"→"封套扭曲"命令，会看到里面有许多子命令，如图4-81所示。

1. 用变形建立

选择此命令后会弹出如图4-82所示的对话框。

图4-81　执行封套扭曲命令

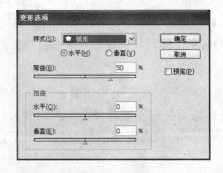

图4-82　变形选项对话框

在"样式"选项的下拉菜单里会看到许多图形样式，如图4-83所示。可以随意选择其中一个并进行参数的调整，在调整的同时就会看到发生的变化，如图4-84所示。

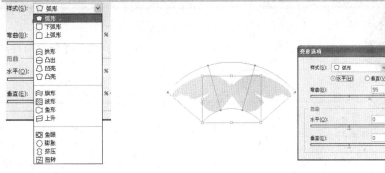

图4-83 样式下拉菜单   图4-84 调整后的状态

2．用网格建立

选中要调整的图形，选择"对象"→"用网格建立"命令，弹出"封套网格"对话框，如图4-85所示。

设置"行数"和"列数"，然后再看图形，会发现图形上多了许多调节点。如果要调节某个点，就先单击工具栏里的"直接选择工具" ，再单击一下要调节的点，然后按住鼠标左键拖拉进行调整，如图4-86所示。

图4-85 封套网格对话框

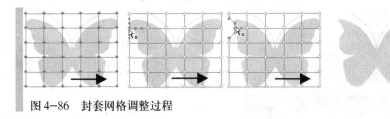

图4-86 封套网格调整过程

3．用顶层对象建立

可以设置一个对象作为封套的形状，一定要将形状放置在被封套对象的最上方，可以使用"图层"面板或"排列"命令将该对象向上移动，然后重新选择所有对象。接着选择"对象"→"封套扭曲"→"用顶层对象建立"命令即可，如图4-87所示。

4．编辑封套内容

图4-87 用顶层对象建立封套效果

选中封套效果，单击属性栏中的"编辑内容"按钮，或者选择"对象"→"封套扭曲"→"编辑内容"命令，使用"选择工具"旋转封套内容，如图4-88所示。编辑之后，单击属性栏中的"编辑封套" 按钮，就可以返回到封套状态。

图4-88 编辑封套内容

在修改封套内容时，封套会自动偏移，以使结果和原始内容的中心点对齐。

5．删除封套

可以通过释放封套或扩展封套的方式来删除封套。释放套封对象可创建两个单独的对象：保持原始状态的对象和保持封套形状的对象。扩展封套对象的方式可以删除封套，但对象仍保持扭曲的形状。

4.4　基础应用

在日常生活里我们经常会看到由渐变或变形图形组成的效果图，对于做设计的朋友来说，渐变效果在作品里是起着至关重要的作用的，它会给人视觉上的冲击。那这些渐变和变形都应该应用到哪些方面呢？让我们一起来了解一下吧！

4.4.1　创建渐变水纹

渐变水纹的效果可以利用网格、渐变等工具来制作，下面我们就来看看运用它们分别能制作出什么样的水纹效果。

1．网格水纹

在前面的知识点里我们学习了网格渐变填充，使用网格渐变填充可以做出如图4-89所示的水纹效果。制作时，先使用"网格工具" 建立一个网格，再单击更改锚点的颜色，调整一下过渡就可以啦！（此图引自网络）

图4-89　网格水纹

2．渐变水纹

渐变和网格的道理大致相同，它们的不同点是，网格可以通过单击锚点进行颜色的更改，而渐变只能在渐变面板里的渐变条上添加色块，然后双击色块进行颜色的更改，如图4-90所示（此图引自网络）。我们先给水纹创建一个矩形，然后打开渐变面板，在里面添加相应的色块并调整颜色，再使用"渐变工具" 在矩形里拖拉鼠标填充渐变色就好了。当然如果一次拖拉的效果不满意，也可以多拖拉几次，直到满意为止。

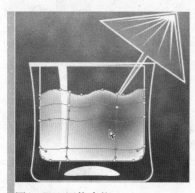

图4-90　渐变水纹

同样的道理，使用渐变填充和网格填充可以制作出更多的逼真效果。

4.4.2　透明度在招贴里的运用

透明度在招贴里的运用是随处可见的，不同颜色和不同图形的透明度，会表现出不一样的感觉。总的来说可以分为两大类，接下来我们就来具体看看这两大类是什么。

1．分层次更改透明度

在招贴里我们经常会看到一些透明的、有层次感的图形叠压在一起，这就是"分层次更改透明度"，它可以增强画面的前后关系，从而达到分层的效果，如图4-91所示（此图引自网络）。在这幅图里先绘制了许多大小颜色各异的圆形，然后对它们分别使用透明度，透明度数值越大，透明就越不明显。根据近大远小、近实远虚的原则来调整后，则可以看出近处的图形显得颜色很厚实，而远处的图形调整了透明度，就感觉好像远了许多。

图4-91　分层次透明度运用

2．统一更改透明度

统一更改某个或多个图形的透明度，可以使图像看起来给人虚幻的感觉，如图4-92所示。先选中所有要更改的图形，再打开透明度面板，调整一个统一的数值，就可以了。其实道理是一样的，应用同样的工具和命令都可以制作出不一样的效果。

图4-92　统一更改透明度

4.4.3　变形的运用

如果想绘制一幅带有夸张性质的作品，那图形的变形一定是少不了的。前面学习的图形的变形方法有很多，例如：旋转扭曲、膨胀等，可是要把它们运用到什么样的图像里才能适合、好看呢？让我们一起来看看吧！

1. 变形工具

给图形变形时通常会采用变形工具，因为它可以改变图形的路径，也方便以后更好地修改图形，也可以运用到手工不能完成的作品里。选中绘制好的图形，再选择变形工具里的任意一个工具，使用鼠标对图形进行单击或拖拉，就会出现复杂的变形效果。如图4-93所示（此图引自网络）。

图4-93　变形效果

2. 效果变形命令

在菜单栏里也有可以对图形进行变形的命令，就是效果里的变形菜单，其中包含的子命令，都是可以改变图形的。它们不仅可以对矢量图进行变形，还可以对位图进行编辑。不过使用变形命令后，是不会改变图形的路径的，如图4-94所示。

图4-94　效果变形

给图形使用变形工具能一定程度地提高图形的夸张作用，但是要注意的是变形工具不可以乱用，如果不适可而止的话就会造成反效果。

4.5　案例表现——娱乐金沙滩

本章开头的实例引入做了一个金沙滩效果，现在我们利用学习的图形编辑命令来使这个金沙滩变得更加具有娱乐气息吧！

01 绘制帆船。选择"钢笔工具"，在画面里绘制一个类似帆板的图形，如图4-95所示。

02 填充渐变色。选中绘制的帆板轮廓，打开渐变面板，单击颜色条下方，把第一个颜色块调整为白色，第二个调整成黄色（Y:100），填充类型调成径向。选择"渐变工具"在图形里拖拉鼠标进行填充，如图4-96所示。

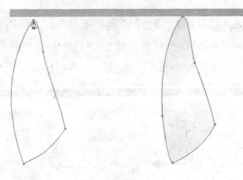

　　　　　　　图4-95　绘制帆板　　　　　图4-96　渐变填充

03 绘制帆板把手。沿着帆板的左轮廓用"钢笔工具" 画出一条深红色的路经，如图
　　4-97所示。再在如图4-98的位置绘制一条深红色横的把手路径。

04 绘制帆船踏板。使用"钢笔工具" ，在帆板的下方绘制一个黑色的底拖来拖住帆
　　板，如图4-99所示。然后在如图4-100所示的位置画一个踏板路径，填充蓝白色
　　渐变。为了使踏板看起来更逼真，用"钢笔工具" 再绘制一个深蓝色的踏板底边，
　　如图4-101所示。

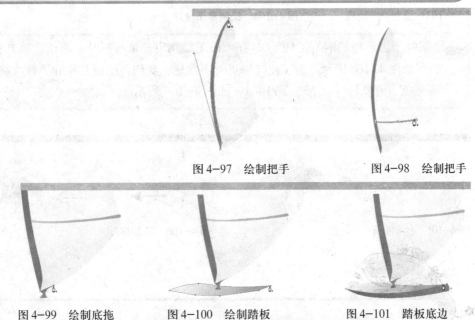

　　　图4-97　绘制把手　　　　　　　　图4-98　绘制把手

　　图4-99　绘制底拖　　　　图4-100　绘制踏板　　　　图4-101　踏板底边

05 绘制贝壳轮廓。使用"钢笔工具" 画出贝壳的轮廓线，填充色为紫色（C:9、Y:
　　36），在贝壳的底部绘制一个矩形，选中这个矩形，右击鼠标，选择"排列"→"置
　　于底层"命令，拖动鼠标把矩形放在贝壳后面，如图4-102所示。

　　　在这个贝壳排列的时候，我们可以按下Shift+Ctrl+[组合键
　　排列，这样就会很省事！

06 绘制纹理。选择"钢笔工具" ，在贝壳的轮廓上绘制出一条凸出的白色纹理，如图 4-103 所示。绘制完后在轮廓的下一个拐角处再绘制一条纹理，直到把纹理都画满整个贝壳，如图 4-104 所示。

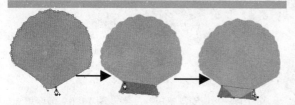

图 4-102　贝壳轮廓

图 4-103　绘制一条纹理　　　图 4-104　绘制多条纹理

07 绘制叶子。选择"钢笔工具" ，在画面里绘制出一条椰树叶的路径，填充色为绿色，如图 4-105 所示。为了使叶子更有层次感，我们再绘制几片叶子叠放在一起，填充色为黄绿色（C:33、Y:100），如图 4-106 所示。

图 4-105　绘制叶子　　　　　　图 4-106　叠加树叶

　　　　椰树的叶子是那种有棱角、锯齿的叶子，所以我们画的时候要注意表现出它的棱角和锯齿，这样叶子画出来才会生动形象。

08 绘制椰树果实。选择"椭圆工具" ，在画面里按住 Shift 键的同时拖动鼠标左键，就可以绘制出一个等比例的圆。选中该圆，按下 Ctrl+F9 组合键弹出渐变面板，单击渐变色条下方，弹出两个颜色块，双击第一个颜色块，弹出颜色面板，调整颜色为浅褐色（M:26、Y:100、K:31），将第二个颜色块调整为褐色（C:32、M:55、Y:100、K:26），如图 4-107 所示。选中画好的圆，按住 Alt 键拖动，就会复制一个出来，我们复制三个就可以了，如图 4-108 所示。

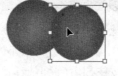

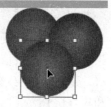

图 4-107　绘制椰树果实　　　　　　　　图 4-108　复制果实

09 绘制树干。在画面里使用"钢笔工具" 绘制一条弯的树干路径，填充颜色为深褐
色（C:40、M:90、Y:94、K:48），如图 4-109 所示。

10 组合图形。打开前面做好的金沙滩，把绘制好的帆船、贝壳、椰树都放到图里适合
的位置，一幅娱乐金沙滩就完成了！如图 4-110 所示。

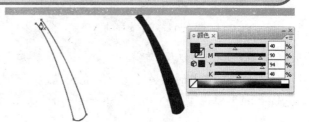

图 4-109　绘制树干

图 4-110　最终效果

4.6　疑难及常见问题

1.如何同时调整多个锚点

选中添加完网格的图形，选择工具栏里的"直接选择工具" ，在图形的锚点处框选
出要调整的锚点，用鼠标拖动就能使它们同时移动，如图 4-111 所示。

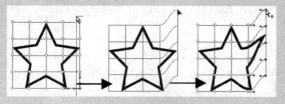

图 4-111　同时调整锚点

2.如何同时移动多个滑块

想要同时移动滑块必须要满足一个要求,那就是任何一个颜色条的数值不能为0,如果有其中一个数值为0,其他三个色条不为0的话,那只能同时移动其他三个颜色条的滑块,移动的时候只要按住Shift键再拖动滑块,就可以达到同时移动的目的,如图4-112和4-113所示。

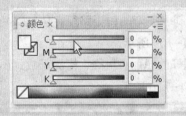 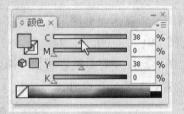

图4-112 不能移动滑条   图4-113 同时移动滑条

3.如何交换填充和描边

在绘制图形的时候可能会对填充或描边有不同的需要,怎样能快速地交换填充和描边呢?只要单击工具栏下方的如图4-114所示的交换符号,填充和描边就交换了。

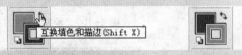

图4-114 交换填充描边

4.如何删除色板

选择"窗口"→"色板"命令,弹出色板面板,单击选中里面的一个颜色,把鼠标移到面板右下方的"删除"图标处单击,这样色板就删除掉了,如图4-115所示。

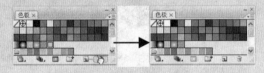

图4-115 删除渐变滑块

4.7 习题与上机练习

1. 选择题

(1)(　　　)功能是一个在两种及多种颜色之间或同一种颜色的各种淡色之间逐渐变化的混合。

(A) 填充颜色　　　(B) 渐变填充　　　(C) 混合工具　　　(D) 笔画

(2) 使用(　　　)可以通过在对象上添加网格点来为对象添加颜色,并且所添加的颜色会逐渐向周围扩散并与周围颜色混合,以产生渐变效果。

　　　　(A) 网格工具　　　　(B) 混合工具　　　　(C) 铅笔工具　　　　(D) 笔刷工具

(3) 使用(　　　)可以将对象以全局笔刷大小向外扩展，既可以指针按下或拖动的地方向外扩展。

　　　　(A) 扭转工具　　　(B)膨胀工具　　　　(C) 扇形扭曲工具　　　(D) 变形工具

(4) 按下(　　　)+(　　　)+{组合键，可以把图形移到最下方。

　　　　(A) Ctrl、Alt　　　(B) Shift、Alt　　　(C) Ctrl、Shift　　　(D) Ctrl、Tab

(5) 点开颜色面板，按住(　　　)键再拖动鼠标可以同时移动滑条。

　　　　(A) Ctrl　　　　(B) Shift　　　　(C) Alt　　　　(D) 空格

(6) 按住 Ctrl+(　　　)组合键可以打开渐变面板。

　　　　(A) F9　　　　(B) F8　　　　(C) F5　　　　(D) F7

(7) 按住 Shift+(　　　)+F10组合键可以打开透明度面板。

　　　　(A) Ctrl　　　　(B) Tab　　　　(C) Alt　　　　(D) 空格

(8) 选中绘制的任意图形，按住(　　　)键同时拖动鼠标，可以复制图形。

　　　　(A) Ctrl　　　　(B) Tab　　　　(C) Alt　　　　(D) 空格

2．问答题

(1)如何添加渐变色块？

(2)怎么同时移动多个锚点？

(3)如何调整图形的渐变方向？

3．上机练习题

(1)练习变形工具里的各个工具，分别做出一个效果。

(2)利用椭圆工具、渐变命令绘制一个太阳。

(3)使用钢笔工具、镜像工具、网格渐变命令绘制一朵鲜花。

第 5 章
画笔的应用

本章内容

本章导读

在这一章里我们将学习如何使用神奇的画笔来美化自己的画面，学会了这一章讲的工具，就会觉得好像真的在用一支百变的刷子一样，不信的话就一起来看看下面的内容吧！

5.1 实例引入——时尚卡片

画家应用手中的画笔可以挥洒自如地绘画，而现在我们使用Illustrator中的画笔工具也可以绘制出具有书法笔触的图形，如图5-1所示，并且还是很时尚的作品哟，不信，您往下看！

图 5-1

5.1.1 制作分析

时尚卡片貌似复杂，一旦分解来看就简单多了。首先绘制出具有粉笔边框的矩形背景，具有油墨效果的笔触和一些画笔线条，然后添加素材图形，并绘制出具有速绘效果的圆形，如图5-2所示。。

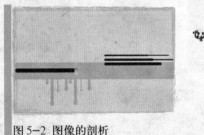

图 5-2 图像的剖析

这幅作品主要运用了粉笔画笔、油墨画笔和速绘画笔，接下来让我们具体了解一下绘制卡片的过程吧！

5.1.2 制作步骤

01 绘制矩形背景。选择工具栏中的矩形工具 ▭，按下F6键打开颜色面板，设置填充色为C 15、M 16、Y 34、K 0，描边颜色为C 8、M 34、Y 89、K 0，在页面绘制一个矩形。为矩形添加画笔效果，按下F5键弹出画笔面板，点击面板下方的画笔库菜单按钮 ▦，选择"艺术效果"→"艺术效果_粉笔炭笔铅笔"选项，在弹出的面板中点击"粉笔→涂抹"笔触，此画笔添加到画笔面板中，同时也添加到选中的矩形边缘，如图5-3所示。

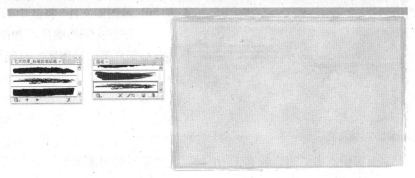

图5-3　绘制背景

02 绘制油墨画笔效果。点击画笔面板下方的画笔库菜单按钮 ![]，选择"艺术效果"
→"艺术效果_油墨"选项，在弹出的面板里点击"油墨喷溅1"笔触，此画笔添
加到画笔面板中。选择工具箱中的画笔工具 ![]，单击画笔面板中的"油墨喷溅1"笔
触，在颜色面板设置填充色为无，描边颜色为C 8、M 34、Y 89、K 0，然后在
空白处绘制一条曲线，得到的画笔效果如图5-4所示。!

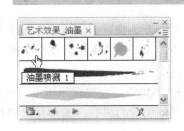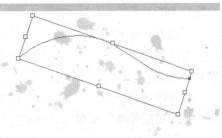

图5-4　绘制油墨画笔效果

03 绘制矩形。将绘制的油墨笔触复制一个副本，将这2条油墨笔触放置在矩形背景中。
然后选择工具栏中的矩形工具 ![]，在颜色面板中设置填充色为C 54、M 9、Y 100、
K 0，描边颜色为无，绘制一个矩形，如图5-5所示。

04 绘制装饰线条。选择画笔工具 ![]，在属性栏设置描边的粗细，按住Shift键的同时绘
制不同粗细的黑色水平线条和绿色的垂直线条，如图5-6所示。

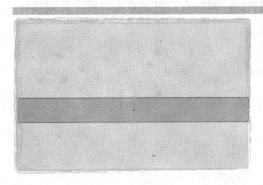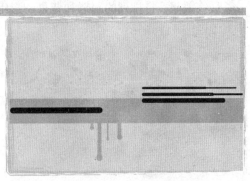

图5-5　绘制矩形　　　　　　　　图5-6 绘制装饰线条

图5-7 导入素材

导入素材。打开配套光盘"素材"文件夹中的501.ai图形文件，将其中的图形复制到当前文件中，注意排列的顺序，如图5-7所示。

05 绘制画笔圆形图案。选择椭圆工具 ◯，按住Shift键绘制圆形，在颜色面板设置填充色为 C 54、M 9、Y 100、K 0，描边颜色为无。点击画笔面板下方的画笔库菜单按钮 ▣，选择"艺术效果"→"艺术效果_画笔"选项，在弹出的面板中点击"速绘画笔3"笔触，此画笔添加到画笔面板中，同时也添加到选中的圆形边缘，如图5-8所示。

 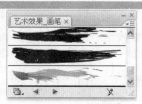 

图5-8 环形效果

绘制其他画笔圆形，并组合圆形。使用同样的方法绘制一个填充色为橘黄色，描边颜色为绿色的圆形，绘制一个填充色和描边颜色均为黑色的圆形，然后将绘制的这三个圆形组合在一起，如图5-9所示。

将圆形排列为图案。选中组合的圆形，按下Ctrl+G组合键群组图形，然后选择"对象"→"扩展外观"菜单项。接着复制多个扩展外观后的圆形，缩小并排列在合适的位置，如图5-10所示。

图5-9 组合圆形　　　　图5-10 复制并排列圆形

06 最终效果。将排列的圆形和背景图形组合，一幅富有自己创意的时尚卡片就做好了，如图5-11所示。

图5-11 最终效果

5.2　基本术语

这一章要讲的画笔类型很多，要分清各个画笔的样式和用途，可要花点时间啦！现在我们先大体地了解一下它们的基本含义。

5.2.1　点状画笔

点状画笔是通过单击鼠标画出样式，或沿着一条路径绘制艺术对象，例如花朵、蜜蜂、星星等。对象的尺寸、间距、旋转和着色都可以沿着路径变化。如图 5-12 所示。

5.2.2　书法画笔

书法画笔创建的笔画效果看上去就像用真实的毛笔和书法钢笔或毡笔绘制的一样，还可以为每支笔的尺寸、圆度、角度设置一定的变化值。如图 5-13 所示。

5.2.3　艺术画笔

艺术画笔由一个或多个艺术对象构成，这些对象沿着路径的长度均匀地拉伸。我们还可以随意调整路径，来改变画笔的走向。在绘图时从鼠标落点至鼠标停止，从始至终都是一个图形的应用，它正好和点状画笔形成了鲜明的对比，如图 5-14 所示。

5.2.4　图案画笔

图案画笔和 Illustrator CS3 里的图案特性有关，我们可以使用图案画笔沿着路径绘制图案，也可以创建自己喜欢的画笔样式，如图 5-15 所示。

5.2.5　缩放画笔

缩放画笔其实和缩放图形的道理是一样的，可以根据需要使用变换工具或命令来调整画笔，如图 5-16 所示。

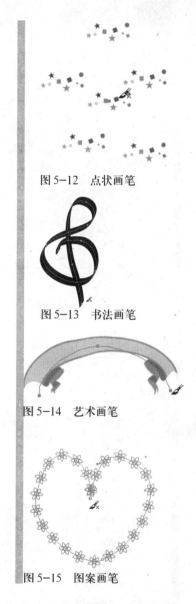

图 5-12　点状画笔

图 5-13　书法画笔

图 5-14　艺术画笔

图 5-15　图案画笔

图 5-16　缩放画笔

5.3 知识讲解

对于画笔的知识要了解的还有很多，它不仅是我们看到的那么简单，现在就让我们来学习更丰富的画笔知识吧！

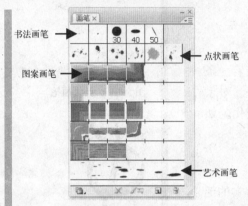

书法画笔

图案画笔

点状画笔

艺术画笔

图5-17 画笔面板

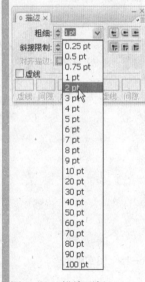

图5-18 描边面板

5.3.1 画笔的类型

在Illustrator CS3里有4种基本类型的画笔：点状画笔、书法画笔、艺术画笔和图案画笔。可以根据自己的需要使用不同的画笔来做不同的效果，单击工具栏里的画笔工具，按下F5键弹出画笔面板，如图5-17所示。

下面先学习如何设置画笔的粗细。在画笔面板随意点选一个书法画笔样式，默认的画笔粗细是1pt，如果想加粗笔画可以按下Ctrl+F10组合键，弹出"描边"面板，如图5-18所示，在"粗细"文本框里改变数值就行了。

在画笔面板中选择画笔，在描边面板中设置画笔的粗细，在画面里拖动鼠标绘制需要的图形即可，图5-17展示的是书法画笔效果，图5-20展示的是点状画笔效果，图5-21展示的艺术画笔效果，图5-22展示的是图案画笔效果。

在4种画笔类型中，只有点状画笔可以在画面里直接单击鼠标出现图形，其他的三种画笔都要通过拖动鼠标才可以使用。

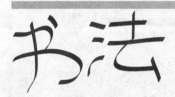

图5-19 书法画笔效果

图5-20 点状画笔效果

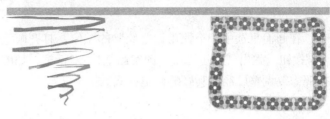

図 5-21　艺术画笔效果　　　　　図 5-22　图案画笔效果

5.3.2　画笔面板

画笔面板对画笔的应用起着至关重要的作用，我们可以在画笔面板里选择各种类型的画笔样式，还可以调整画笔的设置。

1．画笔库菜单

在画笔面板里首先要学习的就是画笔库菜单，此菜单是用于添加画笔样式的，如图 5-23 所示。

它里面含有各种画笔的样式，随意打开一个画笔样式，就会弹出一个单独的面板，如图 5-24 所示。选择里面任意画笔样式，此画笔样式就会自动粘贴到画笔面板里。

图 5-23　画笔库菜单

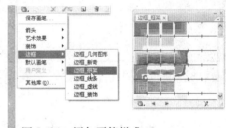

图 5-24　添加画笔样式

为了方便起见，我们可以在画笔库菜单里选择任何喜欢的画笔添加到画笔面板里，以备以后使用。

2．移去画笔描边

选中用画笔绘制的任意图像，打开画笔面板，单击"移去画笔描边" ✕ 按钮，再观察选中的图像，就会发现画笔的样式没有了，只剩下一条路径，这是因为我们选择"移去画笔描边"命令就是去掉画笔样式，只剩路径，如图 5-25 所示。

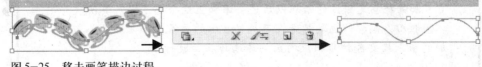

图 5-25　移去画笔描边过程

3．所选对象的选项

在画面里选中一个使用画笔绘制的图像，打开画笔面板，单击"所选对象的选项"
按钮，弹出"描边选项（图案画笔）"对话框，如图5-26所示。在该对话框里可以
按照需要调整已经绘制好的画笔样式。

4．新建画笔样式

在画面里绘制一个想创建的画笔样式，选中该图形后打开画笔面板，单击"新建画
笔" 按钮，弹出"新建画笔"对话框，如图5-27所示。选择相应的画笔类型，新建
完画笔后此画笔就会出现在画笔面板里。

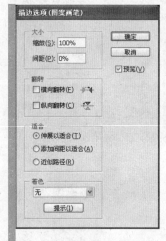

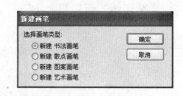

图5-26　描边选项对话框　　　　　图5-27　新建画笔对话框

5．删除画笔

按下F5键打开画笔面板，选择一个不想要的画笔样式，再单击面板右下方的"删除"
按钮，此画笔样式就被删除了，如图5-28所示。

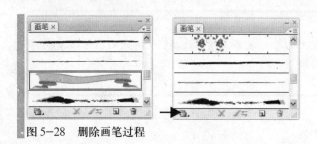

图5-28　删除画笔过程

如果把画笔删掉的话那以后还会添加上这个画笔吗？其实
不用担心，删掉的画笔只是在面板里显示的画笔，如果还要添
加的话，只要再打开相应的画笔库选择添加就行了。

5.3.3 画笔路径

画笔的路径有两种绘制方法，一种是利用"画笔工具" ✐ 直接绘制，另一种则是用"钢笔工具" ✍ 或"矩形工具" ▢ 等先绘制好路径再套用画笔。

1. 使用画笔工具绘制画笔路径

选择工具栏里的"画笔工具" ✐ ，再选择一种画笔样式，到画面里拖动鼠标，生成图像的同时也会生成一条路径，如图5-29所示。我们可以通过"直接选择工具" ▷ 来修改路径。

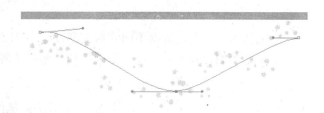

图5-29 画笔路径

2. 使用"钢笔工具"等绘制画笔路径

在工具栏里选择"钢笔工具" ✍ ，到画面里拖动鼠标绘制一条路径，绘制完后再打开画笔面板，选择一种画笔样式，此时画面里的路径上就会出现画笔的样式了，如图5-30所示。

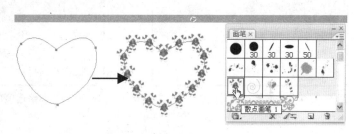

图5-30 钢笔工具绘制画笔路径

选择工具栏里的"矩形工具" ▢ ，绘制一个无填充色的矩形路径，打开画笔面板，选择一个画笔样式，这时矩形路径也会产生变化，如图5-31所示。

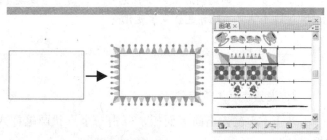

图5-31 矩形工具绘制画笔路径

利用相同的方法我们还可以使用"椭圆工具" ⬭ 、"多边形工具" ⬠ 等来绘制路径，如图5-32所示。

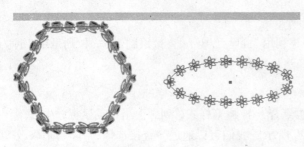

图5-32　多边形和椭圆形路径

5.3.4　设置画笔选项

画笔选项的设置是根据不同的画笔进行的。因为Illustrator CS3里有4种画笔类型，所以画笔选项的设置也有4种，下面我们一起来了解一下吧！

1．设置书法画笔选项

按下F5键弹出画笔面板，双击一个书法画笔的样式，弹出"书法画笔选项"对话框，如图5-33所示。

可以按照自己的需要来设置各选项的数值，如图5-34所示，在选框里调整一下角度和圆度的数值，对话框里的画笔就有了改变，调整好后单击按钮就好了！

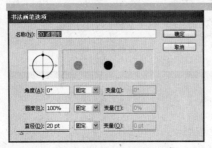

图5-33　书法画笔选项对话框

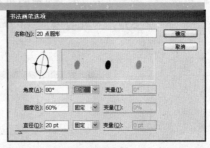

图5-34　调整选项数值

改变画笔的选项时最好要注意一下，因为当改变了画笔的选项，那之前使用过这个画笔的地方也会发生变化。

2．设置点状画笔选项

按下F5键弹出画笔面板，双击一个点状画笔样式，弹出"散点画笔选项"对话框，如图5-35所示。

在对话框里可供我们调整的选项有很多。调整好后单击  按钮即可将设置的选项运用到画笔样式里。

3．设置图案画笔选项

按下 F5 键弹出画笔面板，双击任意图案画笔样式，弹出"图案画笔选项"对话框，如图 5-36 所示。

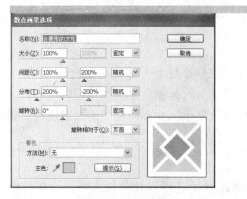

图 5-35　点状画笔选项对话框　　　　　　图 5-36　图案画笔选项对话框

该对话框里有 5 个图标，从左向右分别是图案画笔的边线拼贴、外角拼贴、内角拼贴、起点拼贴、终点拼贴。常用的是前两项，选中第一个图标，把填充样式改成波浪图案，再单击第二个图标，把填充样式改成原稿，可适当地调整一下右边各选项的数值，如图 5-37 所示。

调整好后在画面里使用"矩形工具"□绘制出想要的路径，如图 5-38 所示。

图 5-37　调整选项　　　　　　　　　图 5-38　完成效果

4．设置艺术画笔选项

按下 F5 键弹出画笔面板，双击一个艺术画笔样式，弹出"艺术画笔选项"对话框，如图 5-39 所示。

在对话框里可以按照需要调整画笔样式的方向、大小和翻转方向。设置完后单击 确定 按钮就好了。

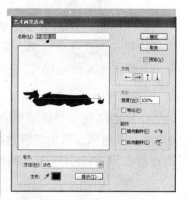

图 5-39　艺术画笔选项对话框

以上的知识学得差不多了，以后要是想制作什么效果，就可以直接套用画笔样式了，这可为我们省了好多事呢！

5.4 基础应用

我们的生活用品，好多都用到了图案、艺术等方面的装饰，学习了画笔这一章，就更加能感觉到画笔运用的范围之广。

5.4.1 自定义画笔

在Illustrator CS3里使用画笔工具有一个好处，那就是我们可以自定义画笔，因为画笔库里的画笔不一定是我们喜欢或用得上的，而自定义画笔可以按照自己的想法来添加。添加画笔的方法大家都了解，可是该把添加的不同种类的画笔应用到哪呢？不要着急，在下面会找到答案的。

1. 应用点状画笔

应用点状画笔可以在枯树枝上画出叶子，可以让草地上多出许多蜻蜓等等，只要是以点出现的东西，都可以先新建成点状画笔样式，然后再使用画笔工具画出来，如图5-40所示。

2. 应用书法画笔

书法画笔没有过多花哨的东西。大部分都是应用于文字的书写，例如手绘文字、挂历书写等。新建的画笔样式也只局限于可以改变宽度和角度，其效果大体相同，如图5-41所示。

图5-40 自定义画笔样式　　　　图5-41 书法画笔应用

3. 应用艺术画笔

艺术画笔的应用可谓是数之不尽，像装饰画、请柬、海报等等。对于艺术画笔的新建样式也没什么要求，只要不要太过复杂，简单明了就行了，如图5-42所示就是先新建了艺术画笔样式，然后再使用画笔绘制上去的。

4. 应用图案画笔

图案画笔通常会应用到边框和单独的路径上，例如：相框、带花边的小图形等，如图5-43所示。我们把新建好的图形添加到图案画笔样式里，再单击选择绘制好的路径进行套用，就会出现这种唯美的效果。

图 5-42　应用艺术画笔　　　　　　　图 5-43　应用图案画笔

5.4.2　套用画笔效果

　　套用的画笔样式有时只要运用得好也会出现不一样的效果，如图 5-44 所示。这幅图像套用了图案画笔里自带的样式，套用的画笔和上面每个画笔的应用都是一样的，这里就不做再多解释了。只要有想象力，不管什么画笔都可以应用得很好。

图 5-44　套用画笔效果

5.5　案例表现——艺术壁纸

　　你们相信这可爱时尚的艺术壁纸是用画笔做出来的吗？是不是觉得这种好看的壁纸只有别人能够做出来？呵呵，只要现在开始认真学，保证能做出满意的壁纸呦！

01 添加自定义画笔。选择工具栏里的"钢笔工具"，在画面里绘制一个长条状的三角形，选中该图形后按下 F6 键弹出颜色面板，把填充色调成黑色，如图 5-46 所示。

选中填充完颜色的图形，按下 F5 键弹出画笔面板，单击面板下方的"新建画笔" 按钮，弹出"新建画笔"对话框，如图 5-47 所示。选择"新建艺术画笔"单选按钮，单击 确定 按钮，弹出"艺术画笔选项"对话框，如图 5-48 所示。

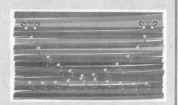

图 5-45

图 5-46　绘制长条三角形

图 5-47　新建艺术画笔　　　　　　　图 5-48　艺术画笔选项对话框

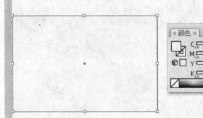

图 5-49　绘制矩形

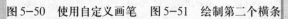

图 5-50　使用自定义画笔　图 5-51　绘制第二个横条

图 5-52　绘制完的横条底纹

把着色方法改成"色相转换"，单击 确定 按钮。再看看画笔面板里就多了一个我们刚才添加的画笔。

02 绘制横条底纹。选择工具栏里的"矩形工具"▢，在画面里绘制一个如图 5-49 所示的矩形。

单击选择工具栏里的"画笔工具"✐，再按下 F5 键弹出画笔面板，选中第一次添加的画笔，打开颜色面板把描边的颜色调成红色，回到画面里在刚才绘制的矩形上面，按住鼠标左键从左向右拖动，就会出现如图 5-50 所示的图形。

下面我们再绘制第二个横条，和刚才绘制第一条的方法差不多一样，我们只需要把颜色改成粉色，拖动鼠标的时候记得这次要绘制一个反方向的，所以鼠标就要从右往左拖动，如图 5-51 所示。

绘制到这里大家大概也知道了下面横条的绘制和刚才的都是一样的，颜色可以随自己的喜好而设定，最后把横条铺满整个矩形，如图 5-52 所示。

03 绘制心形。选择工具栏里的"钢笔工具" ，在画面里绘制一个粉色的心形，如图5-53所示。使用"选择工具" 选中该心形，按住Alt键的同时拖动心形，就会复制出一个心形，如图5-54所示。

图5-53 绘制心形

选中复制出的心形，按下F6键打开颜色面板，把填充色调成白色，单击工具栏的"自由变换工具"  调整心形的大小。为了使效果好看些我们多复制一些心形，按照上面的方法调整大小和颜色，如图5-55所示，这样心形就绘制好了。

图5-54 复制心形

04 制作心形自定义画笔。选中我们刚才绘制的一组心形，按下F5键打开画笔面板，单击面板下方的"新建画笔" 按钮，弹出"新建画笔"对话框，选择"新建散点画笔"单选按钮，如图4-56所示。

单击 确定 按钮后弹出"散点画笔选项"对话框，按照如图5-57所示的参数调整，心形的画笔就建好了。

图5-55 调整好的心形

05 绘制蝴蝶躯干。使用"椭圆工具" 在画面里绘制一个长方形的椭圆，如图5-58所示。

06 绘制蝴蝶触角。选择"钢笔工具" 在蝴蝶的躯干上方画一条弯曲的路径，绘制好后打开颜色面板，去掉描边颜色，把填充颜色调成"C:48、M:100、Y:41"，如图5-59所示。

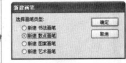

图5-56 新建散点画笔

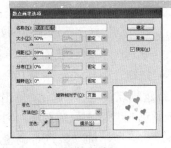

图5-57 调整参数　　　图5-58 蝴蝶躯干　　　图5-59 绘制触角

选中触角，双击"镜像工具" ，弹出"镜像"对话框，按照如图5-60所示的选项调整，调整好后直接单击 复制(C) 按钮，蝴蝶的触角就画好了。

07 绘制蝴蝶翅膀。使用"钢笔工具" 在蝴蝶躯干的左上方绘制一条无填充色，描边为粉色的路径，如图5-61所示。

然后使用"椭圆工具" 在上面画一个装饰性的小椭圆，再在椭圆上绘制一个白色的镂空，如图5-62所示。

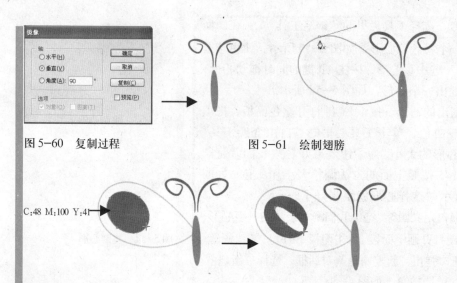

图 5-60 复制过程　　　　图 5-61 绘制翅膀

C:48 M:100 Y:41

图 5-62 绘制椭圆

C:10
M:83

图 5-63 绘制小翅膀

图 5-65 最终效果　　图 5-64 绘制小椭圆

图 5-66 设置参数

大翅膀画完了我们接着画下面的小翅膀。使用"钢笔工具"，在蝴蝶躯干的左下方绘制一个翅膀形状，如图 5-63 所示。

再绘制一个白色的椭圆放在翅膀上来增加立体感，如图 5-64 所示。

全部选中刚才绘制的翅膀，双击"镜像工具"，弹出"镜像"对话框，按照如图 5-65 所示的参数进行调整，调整好后直接单击 复制(C) 按钮，蝴蝶的绘制就完成了。

08 新建点状画笔。选中绘制好的蝴蝶图形，按下 F5 键，弹出画笔面板，单击"新建画笔"按钮，弹出"新建画笔"对话框，选择"新建散点画笔"单选钮，单击 确定 按钮会再弹出"散点画笔选项"对话框，按照如图 5-66 所示的参数进行调整，调整好后单击 确定 按钮。

09 使用画笔填充画面。单击工具栏里的"画笔工具"，打开画笔面板，选中新建的蝴蝶散点画笔。回到画面里，在如图 5-67 所示的底纹处单击鼠标，就出现了蝴蝶的形状。再打开画笔面板选择自定义好的心形点状画笔，使用画笔工具在蝴蝶的下面按住鼠标左键绘制一条弧线，松开鼠标后就会出现如图 5-68 所示的样子。

图5-67 使用点状画笔

图5-68 心形点状画笔

选中画面里绘制好的蝴蝶和心形画笔，双击"镜像工具" ，弹出"镜像"对话框，按照如图5-69所示的参数调整完后单击 复制(C) 按钮，就出现了如图5-70所示的最终效果。

图5-69 镜像对话框

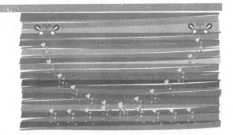
图5-70 最终效果

5.6 疑难及常见问题

1.如何闭合一条画笔的路径

闭合路径的道理就是起点和终点重合在一起。选择"钢笔工具" ，在画面里绘制一个三角形，如图5-71所示。

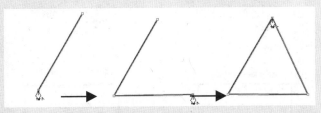
图5-71 闭合路径

大家看明白了吧，不管一个画笔路径有多长多复杂，只要它的终点能和起点重合就闭合了路径。

2.如何控制画笔

因为我们不能通过按Shift键控制画笔工具绘制一条直线路径，所以我们可以先使用"钢笔工具" 或"直线工具" 绘制直线，再到画笔面板里选择合适的画笔样式填充，这样我们就可以达到控制画笔的目的了，如图5-72所示。

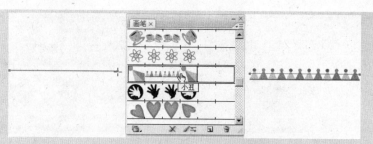

图 5-72　使用直线工具来控制画笔

3.如何给画笔样式命名

先按下 F5 键打开画笔面板，双击一个想改变命名的画笔样式，弹出画笔选项对话框，如图 5-73 所示。可以在"名称"选项里改变画笔样式的命名，然后单击 确定 按钮，就把画笔命名了。

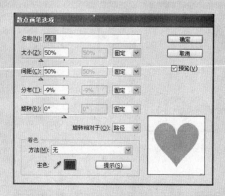

图 5-73　更改画笔样式命名

4.如何隐藏不需要的画笔

按下 F5 键打开画笔面板，单击画笔面板右上方的隐藏下拉按钮，弹出如图 5-74 所示的选项。

如果不需要显示书法画笔，就选择"显示书法画笔"选项，如图 5-75 所示。

图 5-74　下拉选项　　　　图 5-75　隐藏书法画笔

这样书法画笔就被隐藏起来了。反之，再单击即可显示，其他画笔的隐藏和显示操作是一样的。

5.7　习题与上机练习

1．选择题

(1)(　　　)用于绘制各种书法画笔、点状画笔、艺术画笔和图案画笔。

　　(A) 画笔工具　　　　(B) 铅笔工具　　　　(C) 渐变工具　　　(D) 钢笔工具

(2) 画笔的类型分：(　　　　)、点状画笔、书法画笔和图案画笔。

　　(A) 铅笔工具　　　　(B) 艺术画笔　　　　(C) 笔刷工具　　　(D) 钢笔工具

(3) 按下(　　　)键能弹出画笔面板？

　　(A) F6　　　　　　　(B) F5　　　　　　　(C) F4　　　　　　(D) F7

(4) 画笔选项的设置有(　　　)种方法。

　　(A) 1　　　　　　　 (B) 2　　　　　　　 (C) 3　　　　　　 (D) 4

(5) 我们可以使用画笔工具、矩形工具和(　　　)来绘制画笔路径。

　　(A) 铅笔工具　　　　(B) 网格工具　　　　(C) 选择工具　　　(D) 钢笔工具

(6)(　　　　)可以通过单击鼠标和拖拉鼠标来绘制想要的画笔样式。

　　(A) 点状画笔　　　　(B) 艺术画笔　　　　(C) 书法画笔　　　(D) 图案画笔

(7) 要想闭合画笔路径，必须达到(　　　　)。

　　(A) 外角和边线重合 (B) 起点和终点重合 (C) 终点和边线重合 (D) 起点和边线重合

(8) 通常情况下我们使用(　　　　)改变绘制完的画笔大小。

　　(A) 选择工具　　　　(B) 矩形工具　　　(C) 渐变工具　　　(D) 钢笔工具

2．问答题

(1)如何添加画笔样式？

(2)如何闭合画笔路径？

(3)画笔的类型分那几种？

3．上机练习题

(1)利用图案画笔、矩形工具绘制一个相框。

(2)绘制一个自己喜欢的图形，把此图形新建到艺术画笔样式里。

(3)使用画笔面板里的画笔库菜单分别添加2种书法画笔样式、图案画笔样式、艺术画笔样式和点状画笔样式。

第6章
文本的创建和编辑

本章内容

本 章 导 读

　　通过前几章的系统学习，我们对Illustrator CS3已经有了一个较全面的理解和认识。基本可以用它进行绘制和编辑图形了。但就平常的工作而言，做任何的设计几乎都是文字与图形并重的，如果一个作品中只有文字会干瘪，只有图形又会空乏，二者的完美结合将是成功作品的必然选择。

　　Illustrator CS3 作为一个应运而生的强大绘图软件，其不仅拥有强大的图形绘制能力，也具备全面、出色的文字处理能力。它能够将文字当作一种图形元素，对其进行填色、缩放、旋转、变形等操作。并且Illustrator CS3的图文混排、文字沿路径分布、创建文字蒙版等功能使其完全能够胜任各种复杂的排版工作。

　　呵呵，下面我们一起在圣诞贺卡中输入祝福语，共同体验文字的创建和编辑。

6.1　实例引入——圣诞贺卡

　　在深入学习文本的创建与编辑知识之前先来绘制如图 6-1 所示的圣诞贺卡。首先绘制出精美的卡片背景图形，然后添加上祝福语，接着以电子邮件的形式发给朋友就可以喽。

6.1.1　制作分析

　　这个精美、梦幻的背景图形，就是用前几章学的绘制路径、填色、图层、画笔等知识来完成，然后结合本章的输入文本知识来完美的。制作文本效果是本例的重点，主要是输入文本和为文本描边，如图6-2 所示。

图 6-1　圣诞贺卡

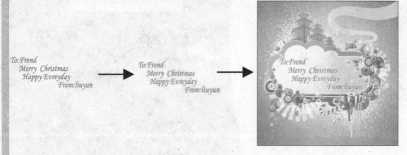

图 6-2　圣诞贺卡示意图

6.1.2　制作步骤

01 打开素材文件。打开配套光盘"素材"文件夹中的 601.ai 图形文件，如图 6-3 所示。

02 输入文本。文本的创建过程和 Photoshop 是类似的。选择"文本工具"T，在合适的位置单击，出现闪烁的光标，输入文字，并将文本填充为蓝色，如图 6-4 所示。

图 6-3　素材图形　　　　　　　　　　图 6-4　输入文本

03 设置字体。用"选择工具"选中文本，在如图 6-5 所示的"字符"下拉列表中选择"Monotype Corsiva"字体（也可以设置其他字体），效果如图 6-6 所示。

图 6-5　属性栏　　　　　　　　　　　　图 6-6　设置字体

04 为文字描边。用"选择工具"选中文本，并选择"文字"→"创建轮廓"命令，在属性栏设置"描边"为 2pt，设置轮廓颜色为黄色，如图 6-7 所示。

05 设置描边属性。按下 Ctrl+F10 组合键，打开"描边"面板，如图 6-8 所示。单击"使描边外侧对齐"按钮，得到圣诞贺卡的最终效果图，如图 6-9 所示。

图 6-7　添加描边　　　　图 6-8　描边面板　　　　图 6-9　最终效果

6.2 基本术语

6.2.1 文本块

文本块就是把指定的某部分文本选中，以反白显示，然后进行移动或拷贝等操作。

6.2.2 文本绕排

在Illustrator CS3中可以将文本绕排在任何其他对象（例如图形、文字等）的周围。如果绕排图像是位图，Illustrator CS3会沿不透明或半透明的像素绕排文本，而忽略完全透明的像素。值得注意的一点，在Illustrator CS3中绕排是由对象的排列顺序决定的。文本所要绕排的对象必须直接位于文本的上方，只有这样文本才能够绕排在该对象的周围。假设文本位于所要绕排的对象上方或者其他图层或组中，那么则不能实现绕排。

6.2.3 基线

选中后的行文本和区域文本都有一个文本控制框，四周有文本控制手柄。文本下方的横线就是文字基线，如图6-10所示。

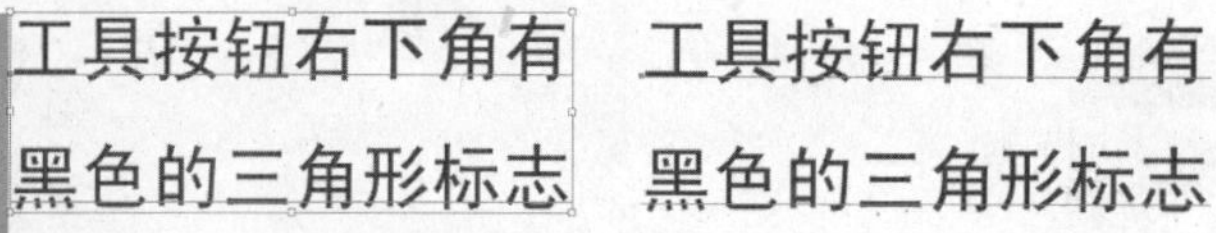

工具按钮右下角有　工具按钮右下角有

黑色的三角形标志　黑色的三角形标志

图6-10　文本基线

图6-11　剪贴蒙版效果

6.2.4 剪贴蒙版

剪贴蒙版就是将组合对象中位于最上方的对象转换为一个蒙版，它将图像超过蒙版边界的部分隐藏，如图6-11所示。

6.2.5 链接文本

如图6-12所示，右侧的文本对象和左侧的文本对象相链接，蓝线将右侧文本的输出端口与左侧的文本输入端口相链接，表明这两个对象相链接。

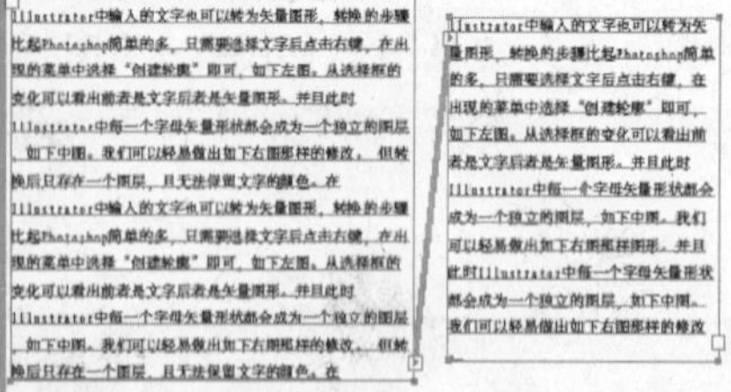

图6-12　链接文本

6.3 知识讲解

通过以上的学习，我们对文本的创建有了初步的认识。了解了枯燥的术语，下面就要拿出骑士征服森林般的气魄，攻克文字的创建和编辑的知识点，会有意想不到的收获哟！

6.3.1　文本的创建

在 Illustrator CS3 中，使用文本工具可以创建点文本、段落文本和路径文本，功能很强大！现在就先认识一下文本工具组。

1．文本工具组

在工具箱的文本工具组中，提供了6种输入文本的工具，如图6-13所示。

（1）"文字工具" ：在页面上任意位置单击，出现闪烁的光标，就可以输入文字，按下 Enter 键换行，如图6-14所示。

图6-13　文本工具组　　　图6-14　文字工具输入文本

（2）"区域文字工具" ：首先创建一个路径，用此工具单击该路径，即可在路径内输入文字，如图6-15所示。

（3）"路径文字工具" ：用该工具单击路径，就可把输入的文字沿路径排列，如图6-16所示。

快速在垂直和水平模式之间切换文本工具，确定未选中任何对象，按住 Shift 键切换工具到相反模式。

图6-15　区域文字工具输入文本　　图6-16　路径文字工具输入文本

（4）"直排文字工具" ：与文字工具一样，所不同的是文字垂直排列而已，如图6-17所示。

（5）"直排区域文字工具" ：在路径内使文字垂直排列，如图6-18所示。

（6）"直排路径文字工具" ：文字沿路径垂直排列。可以创建点文本和段落文本，如图6-19所示。

图6-17　直排文字工具输入文本

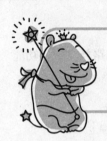

创建文字使用的路径不能是复合路径，也不能是蒙版路径。

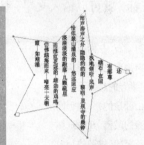

图 6–18　直排区域文字工具输入文本

还有那尊礁石 在固执地倾听 风声雨声涛声

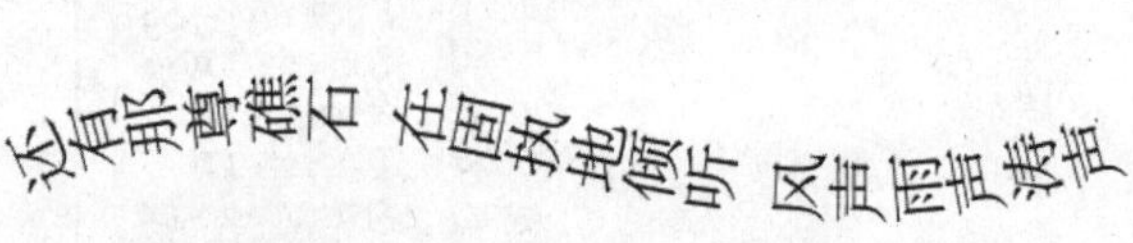

图 6–19　直排路径文字工具输入文本

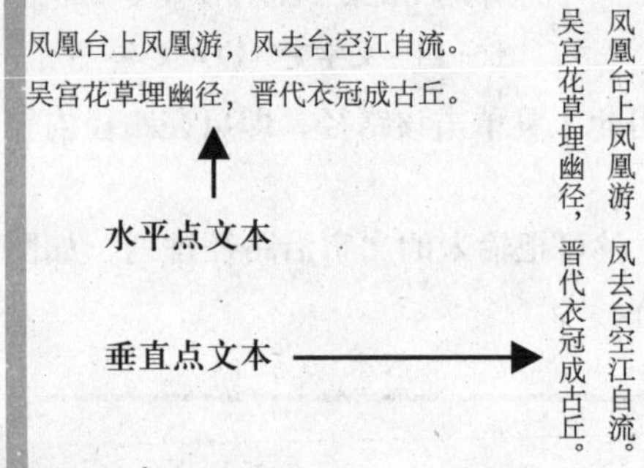

凤凰台上凤凰游，凤去台空江自流。
吴宫花草埋幽径，晋代衣冠成古丘。
水平点文本
垂直点文本
凤凰台上凤凰游，凤去台空江自流。
吴宫花草埋幽径，晋代衣冠成古丘。

图 6–20　点文本

2．点文本

使用“文字工具”T和“垂直文字工具”IT在绘图区域单击，输入文本，生成的文本称为点文本，如图 6–20 所示。

3．段落文本

使用“文字工具”T或“直排文字工具”IT，在绘图区域单击并拖动鼠标拖出一个矩形框，作为输入文本的区域。此时输入文本，输入一行后将自动换行，按回车键即可开始一个新的段落。此方法输入的文本称为段落文本。

如果矩形框的右下方有一个带“+”的小方框，称作溢文标志，表示的是输入的段落文本没有完全显示出来。可用“选择工具”拖动控制手柄以显示全部的文字，如图 6–21 所示。

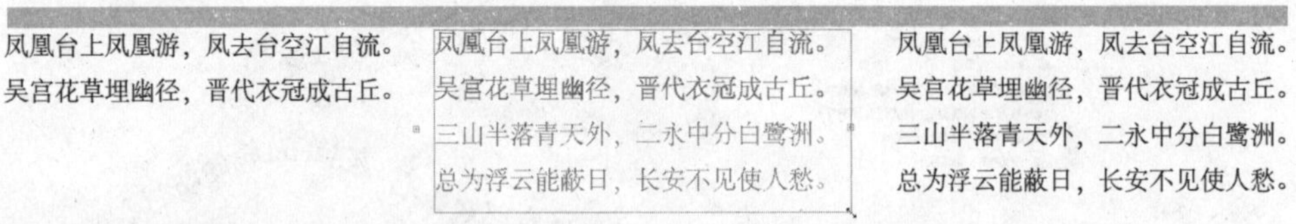

凤凰台上凤凰游，凤去台空江自流。
吴宫花草埋幽径，晋代衣冠成古丘。
凤凰台上凤凰游，凤去台空江自流。
吴宫花草埋幽径，晋代衣冠成古丘。
三山半落青天外，二水中分白鹭洲。
总为浮云能蔽日，长安不见使人愁。
凤凰台上凤凰游，凤去台空江自流。
吴宫花草埋幽径，晋代衣冠成古丘。
三山半落青天外，二水中分白鹭洲。
总为浮云能蔽日，长安不见使人愁。

图 6–21　段落文本

学习了点文本和段落文本的创建方法，现在我们来看看它们之间的区别，让大家能掌握应在何种情况下使用点文本或者段落文本。

（1）点文本与段落文本的相同点。使用“选择工具”选中后的点文本和段落文本都有一个文本控制框，四周有文本控制手柄。文本下方的横线是文字基线。

（2）点文本与段落文本的不同点。点文本的控制手柄在拉伸和放缩时，文字本身大小也随文本控制框而改变，并且在拖动控制手柄以旋转时，文字本身也随之旋转，如图 6–22 所示。

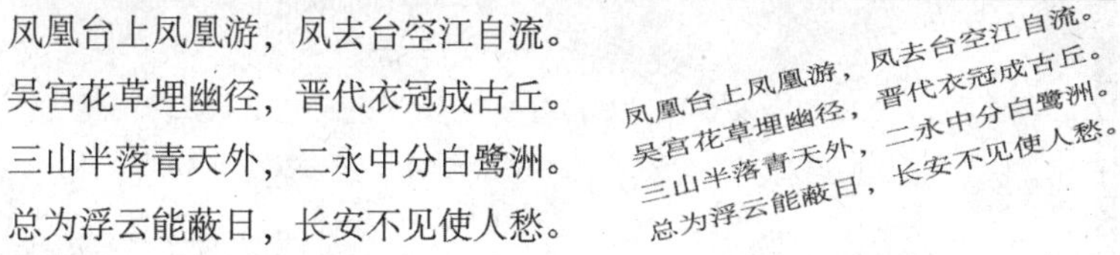
凤凰台上凤凰游，凤去台空江自流。
吴宫花草埋幽径，晋代衣冠成古丘。
三山半落青天外，二水中分白鹭洲。
总为浮云能蔽日，长安不见使人愁。
凤凰台上凤凰游，凤去台空江自流。
吴宫花草埋幽径，晋代衣冠成古丘。
三山半落青天外，二水中分白鹭洲。
总为浮云能蔽日，长安不见使人愁。
图 6-22　缩放和旋转点文本

段落文本则恰恰相反，改变文本控制框的大小时，文字的大小不会随之改变，而仅仅是改变文本的排列效果并且文字本身不会随文本控制框的旋转而旋转，如图 6-23 所示。

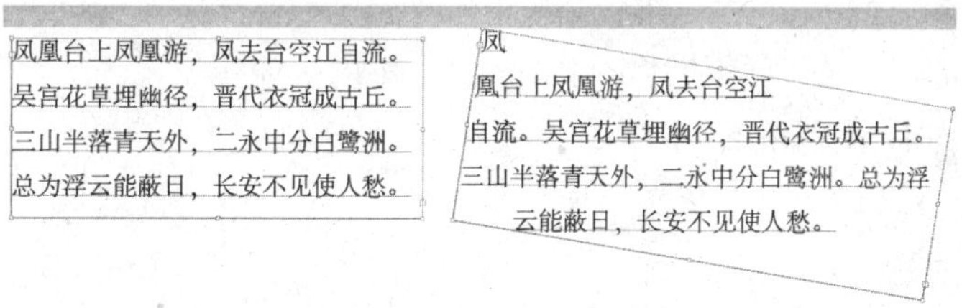
凤凰台上凤凰游，凤去台空江自流。
吴宫花草埋幽径，晋代衣冠成古丘。
三山半落青天外，二水中分白鹭洲。
总为浮云能蔽日，长安不见使人愁。
凤
凰台上凤凰游，凤去台空江
自流。吴宫花草埋幽径，晋代衣冠成古丘。
三山半落青天外，二水中分白鹭洲。总为浮
云能蔽日，长安不见使人愁。
图 6-23　旋转和缩放段落文本

4. 路径文本

Illustrator CS3 具有强大的文本处理功能，除了能创建横排或竖排的文本，还能创建沿任意路径排列的路径文本，另外，还可以创建将规则和不规则路径内排列的文本。下面，让我们共同领略路径文本的神奇之处吧！

记住哟，路径文本不但可以在开放路径上应用，也可以在闭合路径中应用。

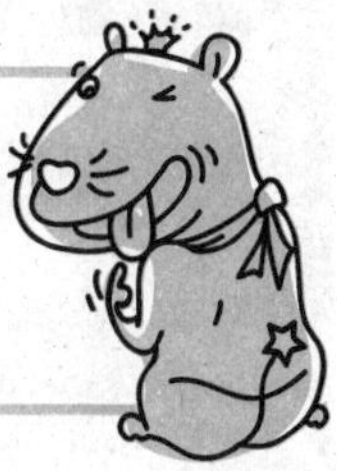

(1)创建路径文本

选择“路径文字工具”，将光标放置到路径上，指针呈形状，单击即可沿着路径输入文本，如图 6-24 所示。

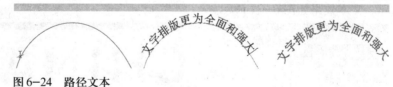

文字排版更为全面和强大
文字排版更为全面和强大
图 6-24　路径文本

(2)编辑路径文本

①选择路径文本。使用“选择工具”选中路径文本，在路径的起始处、中间和结束处会出现三个标记，如图 6-25 所示。起始和结束处的标记代表独立的入口和出口，可以用来链接对象间的文本，中间的标记用来控制路径文本的位置。

②移动路径文本位置。将鼠标放置到中间标记位置，指针变为形状，然后拖动标记穿过路径，文本将翻到路径的另一边。将鼠标放置到起始标记位置，指针变为形状，然后拖动标记向后走，会使文本沿着这个方向移动。将鼠标放置到起始标记位置，指针变为形状，然后拖动标记向前走，会使文本沿着这个方向移动，如图 6-26 所示。

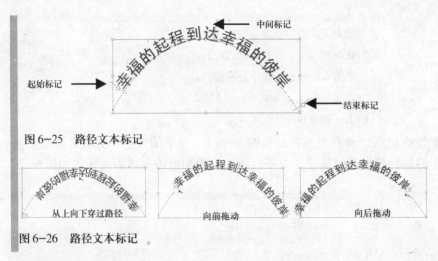

图6-25　路径文本标记

图6-26　路径文本标记

6.3.3　编辑文本

1. 文本的填充和描边

对文本的填充和描边操作，与其他类型的矢量图形一样。具体操作如下。

(1)输入文本。选择工具箱中的"文本工具" T，在绘图页面输入"CHINA"文本，如图6-27所示。

(2)填充颜色。使用"选择工具" ▶ 选中文本，然后在属性栏设置填充颜色为红颜色，如图6-28所示。得到的文本效果如图6-29所示。

图6-27　输入文本

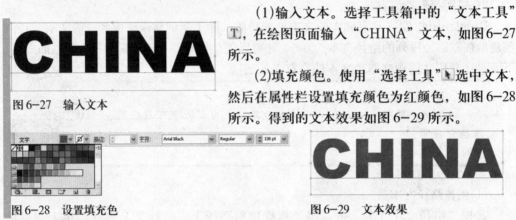

图6-28　设置填充色

图6-29　文本效果

(3)设置描边颜色。在属性栏设置轮廓颜色为白颜色，描边为"10pt"如图6-30所示。文本效果如图6-31所示。

图6-30　设置描边颜色

图6-31　描边效果

(4)设置描边效果。按下Ctrl+F10组合键打开"描边"面板，设置具体的参数，如图6-32所示，得到的文本效果如图6-33所示。

图6-32　描边面板

图6-33　最终效果

2．将文本转化为路径

Illustrator CS3可以将文本转换为路径，转换为路径的文本是由贝塞尔曲线组成，不再具有文字的属性。

将文本转换为路径的操作很简单哟！首先选中文本，然后选择"文字"→"创建轮廓"命令即可。转换后的文本，可以像其他矢量图形一样进行编辑操作，如图6-34所示。

图6-34　文本转换为路径

3．更改文字大小写

Illustrator CS3中的文字排版功能可以与Word相媲美了。它也可以自由地设置文字的大小写、文字分栏、文本绕图等。我们先来认识一下如何更改文字大小写。

将输入的文本选中，然后选择"文字"→"更改大小写"命令，在打开的菜单中提供了4个选项，如图6-35所示。

选择不同的选项，文本将产生对应的不同效果，如图6-36所示。

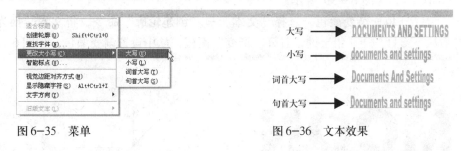

图6-35　菜单　　　　　　　　　　　　　　　图6-36　文本效果

6.3.4　文字分栏

在Illustrator CS3中也可以将段落文本分栏，这在杂志报刊类的排版中，非常实用哟。用"文字工具"在页面上拖出一个文字框，输入段落文本，然后选择"文字"→"区域文字选项"命令，弹出"区域文字选项"对话框，从中设置行、列的数量和跨距等参数，单击 确定 按钮，就将文本分栏了，如图6-37所示。

图6-37　文本分栏

6.3.5　文本绕图

在Illustrator CS3中可以很轻松地设置文本环绕图形的效果，先要把被文本环绕的对象放在用来环绕的文本之上，然后，选中文本和图形，选择"对象"→"文本绕排"→"建立"命令，即可将文本环绕图形排列，如图6-38所示。

要取消文本绕图效果，选中对象，然后选择"对象"→"文本绕排"→"释放"命令即可。

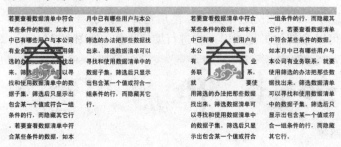

图6-38　文本绕图

6.3.6　笔刷化文本

笔刷化文本就是将笔刷沿着笔画路径应用，使文字外形接近于手写体。具体的操作方法，请看下面的讲解。

（1）输入文本。选择"文本工具" T，输入"MOON"文本，设置字体为"Arial Black"，如图6-39所示。

（2）填充渐变颜色。选择"文本"→"创建轮廓"命令，将文本转换为路径，然后按下Ctrl+F9组合键，打开"渐变"面板，从中设置渐变颜色，如图6-40所示。

图6-39　输入文本　　　　　　　　　　　图6-40　设置渐变颜色

（3）设置描边。选中文本路径，在属性栏设置描边为"3pt"，描边颜色为深红，效果如图6-41所示。

（4）绘制路径。选择工具箱中的"钢笔工具" ，沿着文本路径的笔画，绘制中心路径，如图6-42所示。

图6-41　渐变效果　　　　　　　　　　　图6-42　绘制路径

（5）设置画笔。选中绘制的路径，按下F5键打开"画笔"面板，单击面板右上角的图标，在弹出的菜单中选择"打开画笔库"→"艺术效果"→"艺术效果_画笔"选项，如图6-43所示。在打开的"艺术效果_画笔"面板中选择"飞溅"画笔，即可将该画笔载入到"画笔"面板，单击该画笔，即可为路径添加画笔效果。

（6）最终效果。在"颜色"面板设置画笔的颜色为绿颜色，得到如同手写效果的文本，如图6-44所示。

图6-43 画笔面板   图6-44 最终效果

6.3.7 使用链接文本

在输入段落文本时，发现时在文本框中右下角有个"＋"的小方框了吗？这表示文本内容没有完全显示，可以创建链接文本。

使用"选择工具"选中段落文本，将鼠标放置到"＋"的小方框上方，指针变为 ▶ 形状，这时单击鼠标，指针变成 形状，接着在页面单击鼠标，或者创建一个文本框，新的文本对象都会与初始文本链接，如图6-45所示。

图6-45 最终效果

链接文本功能在报纸书刊之类的页面排版中是非常重要的。比如，一篇文章可能分为多个区域排列。此时应用链接文字功能，两个看似分离的文字区域就形成了一个整体，如果我们在前一个文字区域中增减文字，将同时影响后一个文字区域中的内容。

6.3.8 创建文字蒙版

在Illustrator CS3中可以将文本作为蒙版，得到文本被任意的图像或组合填充的外观效果。首先要将文本置于被蒙版图形的上方。

> 如果是单独的文本字符作为一个单个的蒙版，首先要将文本字符转化为复合图形或者复合路径。原始文本或者转换为路径的文本均可制作为复合图形，而只能将转换为路径的文本制作为复合路径。这样由一个单独的文本构成的复合对象就能将它用作蒙版。

如果对怎样将文本作为蒙版还是不理解的话，请仔细学习下面的案例哟！

（1）打开素材文件。打开配套光盘"素材"文件夹中的602.ai文件，如图6-46所示。

（2）输入文本。使用"文本工具"输入"LOVE"文本，设置字体为"Arial Black"，效果如图6-47所示。

图6-46　素材文件　　　　　　　　　图6-47　输入文本

（3）将文本转换为路径。选中文本，选择"文字"→"创建轮廓"命令，将文本转换为路径，如图6-48所示。

（4）将文本转换为复合路径。选中文本的路径，选择"对象"→"复合路径"→"建立"命令，如图6-49所示。

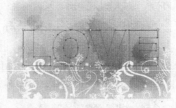

图6-48　文字路径　　　　　　　　　图6-49　复合路径

（5）剪切蒙版。使用"选择工具" 圈选所有对象，然后选择"对象"→"剪切蒙版"→"建立"命令，即可得到蒙版效果，如图6-50所示。

（6）调整蒙版效果。在"图层"面板，选中复合路径所在的图层或组合的范围，将它移动到任意位置，可以始终看到蒙版效果，如图6-51所示。

图6-50　蒙版效果　　　　　　　　　图6-51　移动复合路径后的效果

6.3.9　字符面板

对于熟悉Photoshop的朋友来说，看到Illustrator CS3中的"字符面板"，就如见到双胞胎兄弟似的，那"相貌"几乎一样，仔细一看，才发现比Photoshop多了一个"字符旋转"功能。如图6-52所示，将选中的文本，旋转45°的效果。

图6-52　旋转字符

按下Ctrl+T组合键，打开字符面板，在该面板可以设置文本的字体样式、字体大小、行距、特殊字距、比例间距、垂直缩放、水平缩放等属性，如图6-53所示。

看到如此多的功能设置是不是头都晕了？其实很简单，只要将这些功能亲自体验一番，有个大致印象，到需要时，直接打开字符面板找对应的功能就可以了。下面我们一起体验一下常用的一些功能。

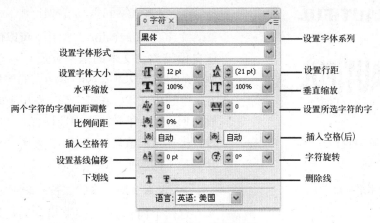

图6-53　字符面板

1．设置字体

Illustrator CS3可以很好地支持中文，并显示中文字体名称。选中要改变字体的文字，从字符面板的"设置字体系列"下拉列表中选择一种字体，或者选择"文字"→"字体"命令，当前应用的字体将在其名称前面有一个选取标记。

2．设置字体大小

选中文本，在字符面板中的"设置字体大小"列表中输入数值，或在列表中选择字号大小进行设置。预置的字体大小范围从6pt到72pt。默认字体大小为12pt。

> 也可用快捷键来调整字体的大小，按Shift+Ctrl+→键可增大字体，按Shift+Ctrl+<键可减小字体！

3．设置行距

行距，即行与行之间的间距，准确地说就是文字基线之间的纵向间距。设置行距首先得选中文本，在字符面板的"设置行距"下拉列表中选择行距，也可输入数值后按回车键。双击"设置行距"框左边的小图标，可使所选文本的行距恢复到默认值。

用快捷键可以快速地调整行距哟，选择文本后按Alt+↑组合键则减小行距，按Alt+↓组合键则增大行距，每按一次快捷键，比预设值大小的增减量为2pt。图6-54所示的是调整行距前后的对比效果。

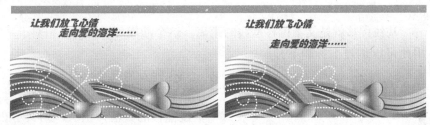

图6-54　设置行距

BEAUTIFUL
BEAUTIFUL
BEAUTIFUL

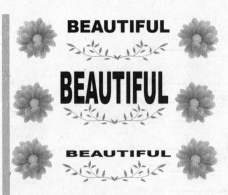

图 6-55 不同的水平缩放、垂直缩放比例效果

4. 文本水平和垂直缩放比例

文字在Illustrator CS3中，可以像弹簧一样自由缩放。文本的水平缩放和垂直缩放比例，是相对于文本基线的宽和高的比例。操作方法是选中文本，在“字符”面板上的水平缩放和垂直缩放下拉列表中选择百分比数值，或者直接输入数值后按回车键。如图6-55所示，分别是不同的垂直比例效果。

5. 设置字偶间距和字符字距

这两个词有一字之差，可含义是截然不同的。字偶间距指的是一对字母（或两个字）之间的距离；字符间距指的是每个字母（或字）之间的距离。

如果要改变某两个字的字偶间距，就用文本工具将光标定位于两字间，在“字符”面板的“设置两个字符间的字偶间距调整”下拉列表中选择行距，也可输入数值后按回车键。效果如图 6-56 所示。

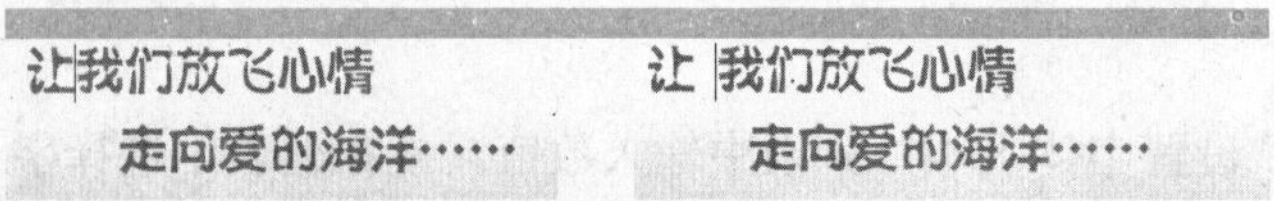
让我们放飞心情
走向爱的海洋……
让 我们放飞心情
走向爱的海洋……

图 6-56　设置字偶间距

如果要改变一段文字的字符间距，选中要改变的文本，在“字符”面板的“设置所选字符的字符间距调整”下拉列表中选择行距，或者输入数值后按回车键，效果如图 6-57 所示。

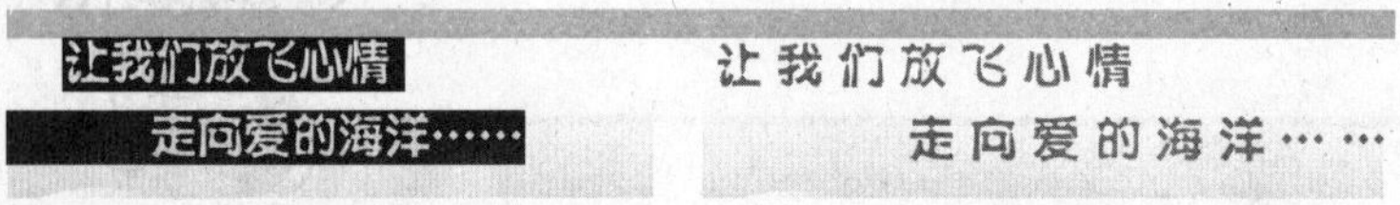
让我们放飞心情
走向爱的海洋……
让 我 们 放 飞 心 情
走 向 爱 的 海 洋 … …

图 6-57　设置字符间距

哈哈，不要忘了快捷键呀，它们可是我们的好帮手。Alt+ ←组合键可减小字偶间距；Alt+ →组合键可增大字偶间距；Alt+Ctrl+ ←组合键可减小字符间距；Alt+Ctrl+ →组合键可增大字符间距。

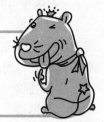

6. 基线偏移

基线偏移就是文本偏移基线的距离。这个功能可以使文本相对于基线向上或向下，用此可以创建上标和下标。

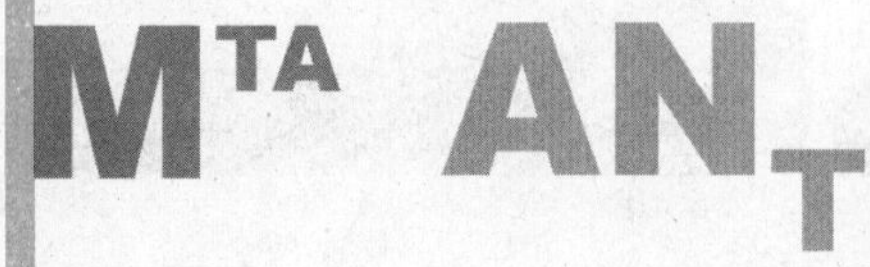
MTA ANT

图 6-58　设置上下标

操作方法就是选中文本，在“设置基线偏移”下拉列表中选择行距，或者输入数值后按回车键，基线偏移的数值为正值，则文本在基线之上；基线偏移的数值为负值，则文本在基线之下。如图 6-58 所示是创建的上下标。

6.3.10　段落面板

按下 Alt+Ctrl+T 组合键，打开"段落"面板，从中可以设置文本对齐方式、左缩进、右缩进、首行左缩进、段间距等，如图 6-59 所示。和字符面板一样，将需要设置的文本选中，在面板中设置参数就可以了。

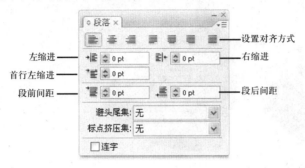

图 6-59　段落面板

1．文本对齐

在"段落"面板提供了多种文本对齐方式：左对齐、右对齐、居中对齐、两端对齐，末行左对齐、两端对齐，末行居中对齐、两端对齐，末行右对齐、全部两端对齐等。

操作方法很简单，选中文本，单击"段落"面板中的对齐方式按钮，就可以完成相应的对齐操作。如图 6-60 所示分别为左对齐、居中对齐、全部两端对齐的文本效果。

图 6-60　文本对齐

2．文本缩进

文本缩进指的是段落文字相对于文本框两端的距离。缩进方式有左缩进、右缩进、首行左缩进。如果设置了负的缩进值，可以生成悬挂缩进的段落。

选中文本，在缩进微调框中输入缩进量，就可产生对应的效果，如图 6-61 分别为左缩进 20pt、右缩进 30pt、首行左缩进 -20pt 的效果。

图 6-61　对齐文本

3. 段间距

顾名思义就是段落之间的间距。我们除了可以设置文本对齐、文本缩进外，还可以设置各个段落之间的间距。设置方法同样是选中文本后在段间距微调框中输入数值就可以了，如图 6-62 所示。

段落
避头尾集: 无
标点挤压集: 无
连字

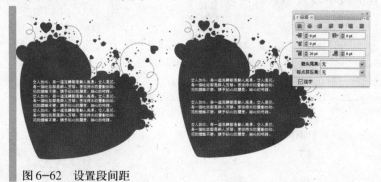

图 6-62　设置段间距

6.3.11　制表符面板

如图 6-63 左图所示，怎么将这些数据对整齐呢，最原始的办法就是按空格键，但效率实在太低。现在献给大家一个魔法武器——制表符，它可以快速准确地完成任务。

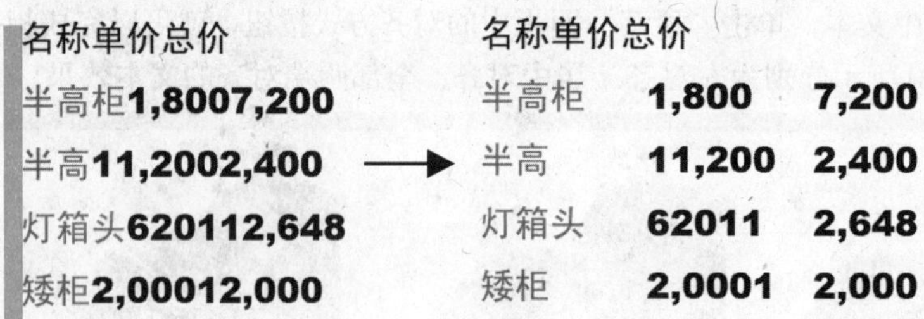

名称单价总价
半高柜1,8007,200
半高11,2002,400
灯箱头620112,648
矮柜2,00012,000
名称单价总价
半高柜 1,800 7,200
半高 11,200 2,400
灯箱头 62011 2,648
矮柜 2,0001 2,000

图 6-63　数据文本

1. 认识制表符面板

按下 Shift+Ctrl+T 组合键，打开“制表符”面板，如图 6-64 所示。

箭头依次为左对齐、居中对齐、右对齐与小数点对齐制表符
制表符
X:
前导符: 0
对齐位置:
0
10
20
30
40
50
60
单击此按钮，标尺对齐文本框

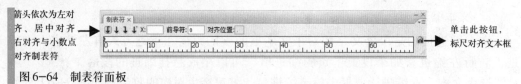

图 6-64　制表符面板

2. 应用制表符面板

创建制表符的方法很简单，在标尺上方单击即可，直接拖曳制表符到面板外侧可以删除，这与渐变面板中添加和删除渐变滑块相似。

集中精力哟，现在要展示法宝了。选中文本，单击面板右侧的按钮，标尺与文本框对齐，在标尺的 20 与 40 刻度处单击添加制表符，如图 6-65 所示。设置好制表符之后，将光标放置到需要对齐文本的前面，按下 Tab 键就可以按照制表符位置对齐文本，使用此方法依次设置需要对齐的文本，看看效果吧，如图 6-66 所示。

使用制表符对齐文本时，最好将文本中的空格删除，要不然，会有差别的。

图 6-65　设置制表符　　　　　　　图 6-66　对齐数据

6.3.12　字形面板

我们在输入文本时，有时会需要用到特殊字符，如 §、±、Φ 等，选择"文字"→"字形"命令，打开"字形"面板，不管是中文还是西文的特殊字符，在这个百宝箱中都可以找到。

如图 6-67 所示，在面板的左下方可以设置字体，不同的字体包括的特殊字符也不同。面板右下方的按钮可以放大和缩小字符的显示。

如何使用这些特殊字符呢？在输入文本的状态下，双击面板中的字符就可以了。

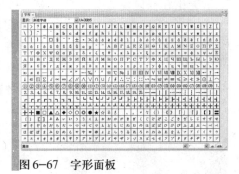

图 6-67　字形面板

6.4　基础应用

掌握了文字这个"武器"，如何将它更好地应用在"战场"中呢？请看下面的讲解。

6.4.1　个性艺术字

艺术字的运用是最常见不过的了，可以运用在商场的减价牌上、时尚前沿的宣传册上等。当然制作艺术字的方法也有很多，就让我们一起来看看吧！

1．笔刷艺术字的应用

笔刷艺术字制作起来相对简单易懂，通常运用在流行前沿杂志的封皮上，既让人看得懂，也达到了艺术的效果，如图 6-68 所示。这是先输入文本，将输入的文字转换为轮廓，填充上渐变色后，接着使用"钢笔工具" 在文字里绘制出路径，再套用艺术画笔而做成的。

2.路径艺术字的应用

　　路径艺术字大多应用在商场里的减价海报或促销宣传单上,制作方法是先输入文本,然后把文本创建轮廓,再使用"直接选择工具"对锚点进行调整,如图6-69所示。对于路径艺术字,我们要从字的形态特征与组合上进行探求,不断修改,反复琢磨,创造出富有个性的文字,突出文字设计的个性色彩,创造与众不同的独具特色的字体,给人以别开生面的视觉感受。

图6-68　笔刷艺术字的运用　　　　图6-69　路径文字设计

6.4.2　在设计作品中的应用

　　无论在任何视觉媒体中,文字和图片都是其两大构成要素。然而美术字和段落文字应用的好坏也直接影响着版面的视觉效果,可见文字在平面设计作品中是重要的组合元素。文字不仅在字体上要和画面配合好,在颜色和笔画上都要加工,这样才能达到更完美的效果。

1.美术字的运用

　　在设计作品里,美术字一般应用在封皮或文章内容的概括标题上,如图6-70所示。不可以用于叙述的文本里,这样会很不美观,而且阅读和排版也会很不方便。

图6-70　文字在平面作品中的应用

2.段落文字的运用

　　和美术字对应,段落文字主要应用于文字的绕排和排版等。在排版文字时,可以通过段落面板设置文字的间距、行距和对齐方式等,只有给文本设置了合适的格式,排版后才美观。

　　在构图设计中,点、线、面是最基本的要素。而段落文本也可以构成版式,这种情况下,就是将段落文本当成一个面来看。如图6-71所示。段落文本不仅展现了内容,而且是构成版式的主要因素。

图6-71　段落文字的应用

6.5　案例表现——唯美挂历单页

学习了文本的知识，是不是很想展示一下这个"法宝"呢。下面就制作一个充满个性魅力的挂历，如图6-72所示，来展示我们的"文本"法宝。

01 设置文档大小。按下Ctrl+N组合键，打开"新建文档"对话框，设置单位为"像素"，宽度为"700px"，高度为"900px"，如图6-73所示。如果我们已经创建了一个新文档，而尺寸不对，这时按下Alt+Ctrl+P组合键，在弹出的"文档设置"对话框中重新设置大小就可以了，如图6-74所示。

图6-72　文字在平面作品的应用

图6-73　新建文档对话框

图6-74　文档设置对话框

02 绘制圆形。按住Shift键，使用"椭圆工具" ○ 绘制圆形，在"颜色"面板中设置填充颜色的CMYK值，如图6-75所示。

03 绘制矩形。使用"矩形工具" □ 绘制矩形，如图6-76所示。

04 得到复合图形。按下Shift+Ctrl+F9组合键，打开"路径查找器"面板，如图6-77所示。将矩形和圆形选中，单击面板中的"与形状区域相减" □ 按钮，得到复合图形，如图6-78所示。

05 扩展复合图形。单击"路径查

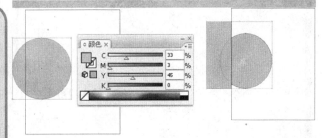

图6-75　绘制圆形　　　　　图6-76　绘制矩形

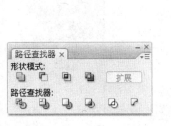

图6-77　路径查找器面板

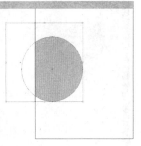

图6-78　复合图形

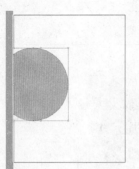

图 6-79　扩展复合图形

找器"面板中的 扩展 按钮，得到图形如图6-79所示。

06 复制并排列图形。按住Alt键的同时拖曳图形，复制一个副本，将副本图形填充金黄色，然后放大并排列在下面，如图6-80所示。

07 复制素材图形。打开配套光盘"素材"文件夹中的603.ai文件，将素材图形复制并粘贴到合适位置，如图6-81所示。

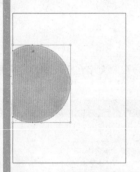

图 6-80　复制并排列图

图 6-81　复制素材图形

08 输入文本。选择工具箱中的"直排文字工具" IT，在页面中输入"唯美"文本，设置字体为"华文行楷"，如图6-82所示。

09 输入段落文本。使用"直排文字工具" IT，在页面中输入段落文本，如图6-83所示。

10 绘制路径。选择工具箱中的"钢笔工具" ，在绘图页面绘制路径，使用"直接选择工具" 调整曲线的弯曲度，如图6-84所示。

11 输入路径文本。使用"文字工具" T 单击路径，输入1月份的日期，日期文本的颜色是黑色和红色穿插着设置的，如图6-85所示。

图 6-82　输入文本

图 6-83　输入段落文本

图 6-84　绘制路径

图 6-85　输入路径文本

12 绘制路径。同样的方法使用"钢笔工具" 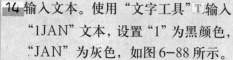 绘制路径，使用"直接选择工具" 调整曲线的弯曲度，注意要和日期路径文本的弯曲度一致哟，如图6-86所示。

13 输入路径文本。使用"文字工具" **T** 单击路径，输入1月份对应的星期，星期的文本周末采用的是红色，其他的是黑色，如图6-87所示。

图6-86 绘制路径　　　　　图6-87 输入文本

14 输入文本。使用"文字工具" **T** 输入"1JAN"文本，设置"1"为黑颜色，"JAN"为灰色，如图6-88所示。

15 输入2月日期文本。使用同样的方法，设置2月的日期和星期文本，如图6-89所示。

图6-88 输入文本　　　　图6-89 设置2月文本

16 最终效果。切换到全屏模式下，整体效果是不是很美，如图6-90所示。

图6-90 最终效果

6.6 疑难及常见问题

1.为何不能将小字号的文本转换为路径

如果打印高分辨率的大幅作品或者大字号的文本，那么可以将文本成功转换为路径。然而，小字号的文本对象转换为路径后，效果不如转换前清晰。

2. 如何隐藏文本链接

链接文本之间是绘制的直线，这些直线有时会影响到工作，选择"视图"→"隐藏边缘"命令，即可隐藏链接直线，如图6-91所示。

图6-91　隐藏文本链接

3. 如何改变文字样式

要改变部分文本的样式，使用"吸管工具"单击拾取一个新的样式，然后按住 Alt 键，在要改变属性的文本上按下左键并拖动鼠标，即可将拾取的样式复制到文本上，如图6-92所示。

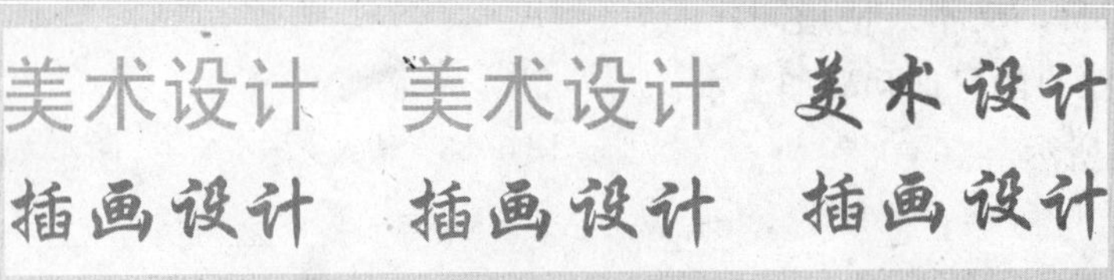

美术设计　美术设计　美术设计
插画设计　插画设计　插画设计

图6-92　改变文本样式

4. 如何将多个文本块合并为一个文本块

要将分开的段落文本或点文本对象连接起来，首先使用"选择工具"将这些文本选中，并复制，然后使用文本工具绘制一个新的文本框，再进行粘贴，即可将复制的文本都粘贴到新文本框中。

6.7　习题与上机练习

1. 选择题

(1) 剪贴蒙版就是将组合对象中位于最上方的对象转换为一个蒙版，它将图像超过蒙版边界的部分(　　　　)。

    (A) 显示　　　　(B) 隐藏　　　　(C) 透明　　　　(D) 不透明

(2) 创建文字使用的路径不能是(　　　　)路径，也不能是蒙版路径。

    (A) 复合　　　　(B) 单条　　　　(C) 闭合　　　　(D) 开放

(3) 路径文本不但可以在开放路径上应用，也可以在(　　　　)路径中应用。

    (A) 复合　　　　(B) 单条　　　　(C) 开放　　　　(D) 闭合

(4) 打开"描边"面板的快捷键是 Ctrl+( )。

    (A) F1   (B) F5   (C) F10   (D) F3

(5) 在 Illustrator CS3 中可以将文本作为蒙版，得到文本被任意的图像或组合填充的外观。首先要确认的是文本要位于被蒙版图形的( )。

    (A) 下方   (B) 上方   (C) 左侧   (D) 右侧

(6) 按下 Ctrl+( )组合键可以快速地显示／隐藏字符面板。

    (A) R   (B) S   (C) T   (D) V

(7) 按下 Alt+( )+T 组合键显示段落面板。

    (A) Ctrl   (B) Shift   (C) Enter   (D) D

(8) 选择"文本"→"创建轮廓"命令，文本将转化为( )。

    (A) 路径   (B) 对象   (C) 笔触   (D) 图形

2．问答题

(1) 如何为文本描边？

(2) 怎样创建文字蒙版？

(3) 怎样设置段落文本的格式？

3．上机练习题

(1) 练习文本工具组中的各个工具，分别创建对应的文本。

(2) 绘制任意路径，使用文本工具输入路径文本，并编辑路径文本。

(3) 创建文本绕图效果的版面。

第7章
符号和图表

本章内容

这一章我们分别来学习符号和图表的知识。符号大体来看和画笔差不多，不过符号的效果却比画笔要多很多呦！图表相信大多数人都见过，可是怎样去制作又好看又简单的图表呢，今天我们就来学习用 Illustrator CS3 来制作。

7.1 实例引入——图表设计

如图 7-1 所示是一个商店要购买学习用品的价格图表，在我们的生活和工作里都离不开这种图表的应用，想掌握方法以后自己制作需要的图表吗？那现在就开始学习吧！

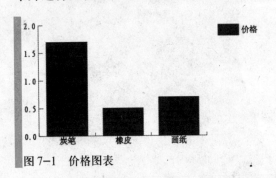

图 7-1 价格图表

7.1.1 制作分析

这个图表运用了工具栏里的柱形图工具，分别表现了炭笔、橡皮和画纸的单价。这幅图表的完成也只用了一个工具，那就是图表工具里的柱形图工具。

7.1.2 制作步骤

01 新建图表。单击选择工具栏里的"柱形图工具" ，用鼠标在绘图区内拖出一个范围来摆放图表，如图 7-2 所示。拖动到适合位置时松开左键后会弹出如图 7-3 所示的"图表数据"对话框。

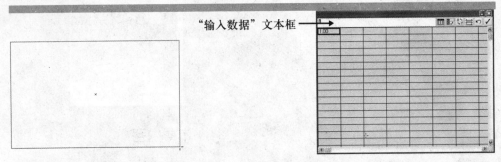

"输入数据"文本框

图 7-2 拖出图表范围框　　　　　　图 7-3 "图表数据"对话框

02 输入第一列文字。"图表数据"对话框就是我们在图表上表现数字和文字的地方。在里面我们能看到一个黑色的光标，当光标移动到哪一格的时候我们就可以在上面的"输入数据"文本框里输入文字。现在我们选中第一个单元格，输入"商品名称"，按 Enter 键确认输入，完成第一个单元格中的数据输入，此时第一列的第二个单元格成为当前的活动单元格，如图 7-4 所示。

接着在文本框里输入"炭笔"，再按 Enter 键确认文字输入，如图 7-5 所示。

图7-4　确定输入单元格

图7-5　确定文字

用同样的方法依次再输入"橡皮"和"画纸"，如图7-6所示。

在输入文字的时候，我们必须先选中要输入文字的单元格，然后再在文本框里输入文字或数字，不能直接在单元格里输入。

图7-6　再次输入文字

03 输入第二列文字。输入完第一列文字后，将鼠标指向水平第2个单元格单击，使它成为当前活动单元格，如图7-7所示。输入"价格"文字，按Enter键确认，如图7-8所示。

图7-7　选定单元格

图7-8　输入文字

用同样的方法再依次输入"1.7、0.5、0.7"，如图7-9所示。

我们不但可以单击选择单元格，还可以用键盘上的方向键来选择。

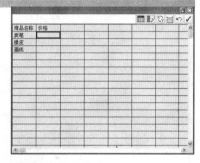

图7-9　输入文字

04 最终效果。数字和文字都输入完后单击对话框里的关闭按钮，就会得到如图 7–10 所示的图表。

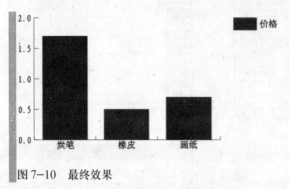

图 7–10　最终效果

7.2　基本术语

7.2.1　符号

符号是在文档中可重复使用的图稿对象。它是由艺术对象构造的，我们可以在符号面板中创建和储存符号。如图 7–11 所示，运用这个选项板可以将一个或多个符号实例应用到作品中。

图 7–11　初始符号选项板

7.2.2　符号密度与强度

符号的密度可控制符号范例的密集程度，该数值越大，范例就越密集。符号的强度可控制符号实例喷射到画面里的速度，该数值越大，喷射速度就越快。如图 7–12 所示。

图 7–12　可调整符号的强度和密度

7.2.3　图表工具

图表工具其实指的不止是一个工具，它是“柱形图工具”、“堆积柱形图工具”、“条形图工具”、“堆积条形图工具”、“折线图工具”、“面积图工具”、“散点图工具”、“饼图工具”和“雷达图工具”的总称，如图 7–13 所示。

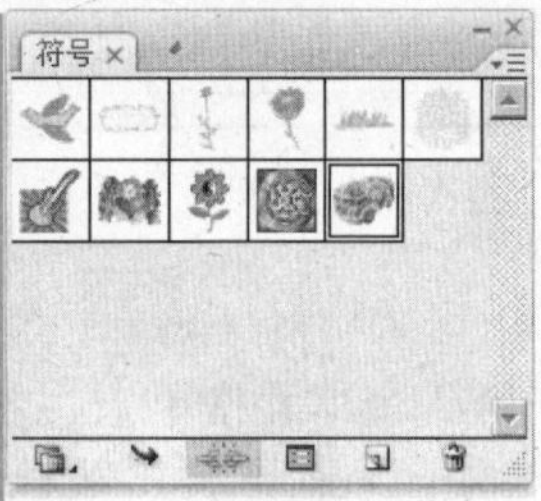

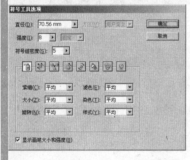

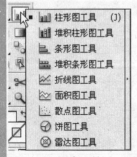

图 7–13　图表工具

7.3　知识讲解

刚才讲了一些例子和基本术语，大家是不是听了之后还是不太懂呢？没关系，接下来我们就慢慢讲解这些内容。

7.3.1　符号面板的应用

符号面板的作用和上一章讲到的画笔面板差不多，可以添加自定义的符号也可以从符号库里添加需要的符号，接下来我们就一起来了解一下吧！

1. 符号库菜单的使用

按下 Ctrl+Shift+F11 组合键打开符号面板，如图 7-14 所示。单击"符号库菜单" 按钮，会弹出如图 7-15 所示的菜单。

图 7-14　符号面板　　　　　　　　　图 7-15　下拉菜单

选择任何一个符号实例，选中后会弹出所选择符号实例的面板，如图 7-16 所示。单击面板里任何一个实例，此实例都会自动添加到符号面板里，如图 7-17 所示。

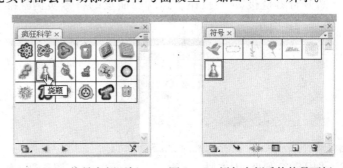

图 7-16　符号实例面板　　　图 7-17　添加实例后的符号面板

要是觉得一个个添加实例很麻烦的话，可以在弹出的符号实例面板里直接点选实例运用，就不用先添加后运用了，这样就轻松多了呢！

2. 置入符号实例

按下Ctrl+Shift+F11组合键打开符号面板，选中面板里任意一个符号实例，再单击面板下方的"置入符号实例"↘按钮，此符号实例就会出现在画面里，如图7-18所示。

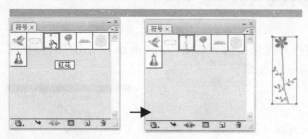

图7-18　使用置入符号实例按钮

使用"置入符号实例"↘按钮置入的实例，不管置入几次，它在画面里都是独立的，我们可以随意编辑其中的任何一个，这样就不会影响到其他的实例。

3. 断开符号链接的使用

打开符号面板，选中里面任意一个实例，再到工具栏里选择"符号喷枪工具"，在绘图区里按住鼠标拖动，就会出现一片符号实例，如图7-19所示。

绘制好的实例都是一个整体，要想让它们分开成为单独的个体，就要用到符号面板里的"断开符号链接"按钮。先选中刚才绘制好的符号实例，再单击面板里的"断开符号链接"按钮，这时画面里的符号实例就都变成了一个个单独的个体，如图7-20所示。

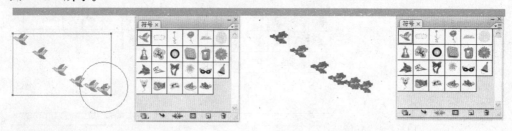

图7-19　使用符号实例　　　　　　　图7-20　使用断开符号链接按钮

这个"断开符号链接"按钮是不是很实用呀？把实例断开后它就变成了可编辑的图形了。这样看来符号是不是比画笔更方便更人性化呢？

4．符号选项按钮的使用

按下Ctrl+Shift+F11组合键打开符号面板，选中一个符号实例，然后单击"符号选项"  按钮，弹出"符号选项"对话框，如图7-21所示。我们可以在"名称"文本框中改变它的名称，其他的选项通常保持默认，完成后单击 确定 按钮。

图7-21　符号选项对话框

5．新建符号按钮

在绘图区里随意绘制一些想添加成符号的图形，选中该图形后单击符号面板里的"新建符号" 按钮，弹出"符号选项"对话框，如图7-22所示。

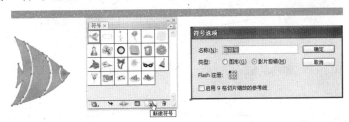

图7-22　符号选项对话框

在"符号选项"对话框里可以编辑符号实例的名字，其他选项保持默认，单击 确定 按钮，新建的符号实例就会添加到画笔面板里，如图7-23所示。

图7-23　新建符号

6．删除符号

按下Ctrl+Shift+F11组合键打开符号面板，选中一个不需要的符号实例，然后单击面板下方的"删除符号" 按钮，弹出如图7-24所示的对话框，单击 确定 按钮，此符号实例就被删除了，如图7-24所示。

图7-24　删除符号实例

7.3.2　符号工具

符号工具包括用于创建符号实例的"符号喷枪工具" ，用于调整符号的"符号位移器工具" 、"符号紧缩器工具" 、"符号缩放器工具" 、"符号旋转器工具"、"符号着色器工具"、"符号滤色器工具"和"符号样式器工具"。这些工具都隐藏在符号喷枪工具下面,下面我们来系统地讲一下这些工具的用法。

1. 符号喷枪工具

先打开符号面板选择一个符号实例,再选择工具栏里的"符号喷枪工具",在绘图区里单击鼠标绘制一个实例,如图7-25所示。还可按住鼠标左键拖动绘制多个实例,如图7-26所示。

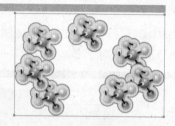

图7-25　单击鼠标　　图7-26　拖动鼠标

如果只想绘制单独的符号有两种选择。一是使用"喷枪工具"单击画面出现实例。二是使用刚才讲的"置入符号实例按钮"。

2. 符号移位器工具

选中刚才绘制的符号组,选择工具栏里的"符号移位器工具",在画面里拖动鼠标即可移动符号实例,如图7-27所示。

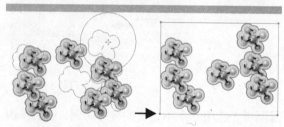

图7-27　移动符号实例

3. 符号紧缩器工具

选中绘制的符号组,单击选择工具栏里的"符号紧缩器工具",在符号组里拖动鼠标,就可以移动并紧缩符号实例,如图7-28所示。

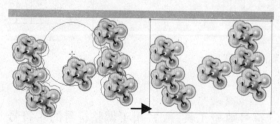

图7-28　紧缩符号实例

4．符号缩放器工具

选中绘制的符号组，单击工具栏里的"符号缩放器工具" ，在符号组里单击拖动鼠标，可以调整符号实例的大小，如图7-29所示。

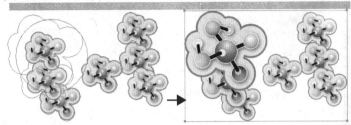

图7-29　缩放符号实例

使用符号编辑器里的工具编辑符号时，要按照美观、得体且能让大家接受的前提来编辑，不要把符号弄得过于夸张。

5．符号旋转器工具

选中绘制的符号组，单击工具栏里的"符号旋转器工具" ，在符号上拖动鼠标，此符号实例就会旋转起来，如图7-30所示。

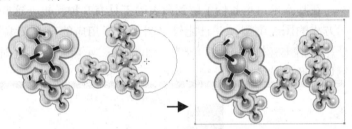

图7-30　旋转符号实例

6．符号着色器工具

选中绘制的符号组，单击选择工具栏里的"符号着色器工具" ，按下F6键打开颜色面板，调整出想要的填充颜色，回到符号组里单击鼠标左键，就可以给符号实例上色，如图7-31所示。

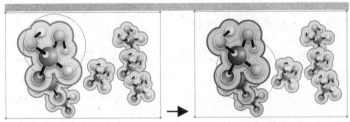

图7-31　符号实例上色

7．符号滤色器工具

选中绘制好的符号组，单击选择工具栏里的"符号滤色器工具" ，在符号组里单击鼠标左键改变符号实例的透明度，如图 7-32 所示。

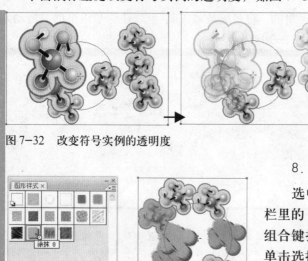

图 7-32　改变符号实例的透明度

8．符号样式器工具

选中绘制好的符号组，单击选择工具栏里的"符号样式工具"，按下 Shift+F5 组合键打开图形样式面板，在面板里任意单击选择一个样式，回到符号组里单击鼠标，就可以将"图形样式"面板里选择的样式应用到符号实例上，如图 7-33 所示。

图 7-33　符号实例添加样式

7.3.3　初识图表

在基本术语里我们了解到图表的工具有 9 种，根据这些图表工具我们可以绘制出不同方式的图表类型，并且能够对图表进行相应的自定义编辑。一个完整的图表有 3 部分，包括坐标轴、图例和分类，如图 7-34 所示。不过对于不同的图表也会有差异，例如饼形图就没有坐标轴，如图 7-35 所示。

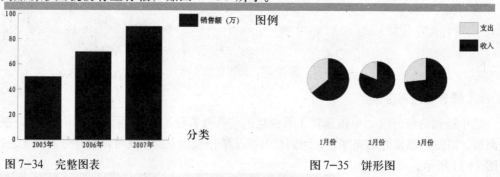

图 7-34　完整图表　　　　　　　　　　图 7-35　饼形图

7.3.4　图表工具的运用

图表工具可以创建 9 种类型的图表，如：柱形图、堆积柱形图、条形图、堆积条形图、折线图、面积图、散点图、饼图和雷达图。是不是觉得好多，感觉很难啊？呵呵，其实没有大家想的那么复杂，只要单独分析每个图表，就会很容易理解的。

1．柱形图工具

选择工具栏里的"柱形图工具"，在绘图区里用鼠标拖出一个矩形区域，松开鼠标后会弹出一个数据输入对话框，如图 7-36 所示。

在实例引入里我们已经学习了如何在对话框里输入文字和数字，现在利用这个知识点分别在对话框里输入如图7-37所示的数据。第一行输入图例,从第一列第二行开始依次输入不同的月份,这是分类。

图7-36 数据输入对话框　　　图7-37 输入数据

输入完以后单击"应用"☑按钮,就会生成一个主题明确的图表了,如图7-38所示。

在输入数据时我们一定要按格式输入,不能随意地输入数据,这样既不能生成有效的图表,还浪费了时间。

图7-38 生成的图表

2. 堆积柱形图工具

和柱形图相比,堆积柱形图主要表达事物的总数,创建方法和上面是一样的。先选择工具栏里的"堆积柱形图工具"▥,在绘图区里拖动鼠标绘制一个矩形区域,在弹出的数据对话框里输入相同的数据,如图7-37所示。单击"应用"按钮☑后得到如图7-39所示的图表。

3. 条形图工具

条形图和刚才讲的柱形图的外形很相似,不同之处在于条形图是运用水平的矩形来表现各种数据,创建方法和上面都是一样的。先选择工具栏里的"条形图工具"▤,在绘图区里拖动鼠标绘制成一个矩形区域,松开鼠标后在弹出对话框里输入如图7-37所示的相应的数据,再单击"应用"按钮☑,得到如图7-40所示的图表。

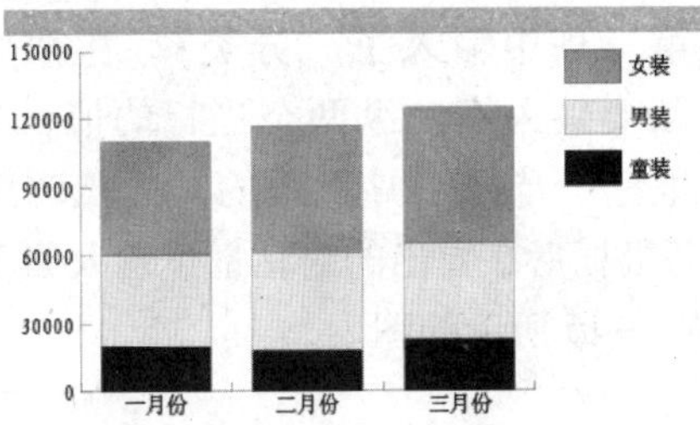

图7-39 产生堆积柱形图表

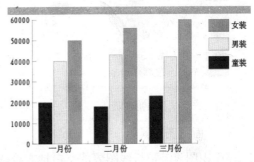

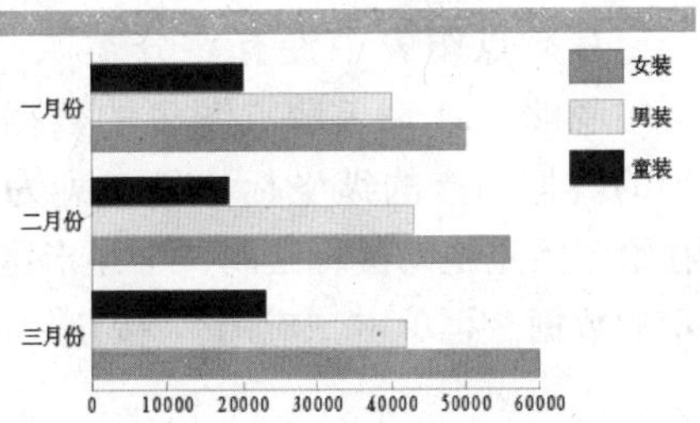

图7-40 产生条形图表

4．堆积条形图工具

堆积条形图的外形感觉像是前两个图表的组合，它是将各种数据横向叠加起来表示数据相对的大小。选择工具栏里的"堆积条形图工具"，在绘图区里拖动鼠标绘制一个矩形区域，松开鼠标后在弹出的数据对话框里输入如图7-37所示的数据，再单击"应用"按钮，得到如图7-41所示的图表。

5．折线图工具

折线图是以线条的方式来表现相应的数据，绘制方法和前面的大致相同。选择工具栏里的"折线图工具"，在绘图区里拖动绘制一个矩形区域，松开鼠标后在弹出的数据输入对话框里输入如图7-37所示的相应的数据，再单击"应用"按钮，得到如图7-42所示的图表。

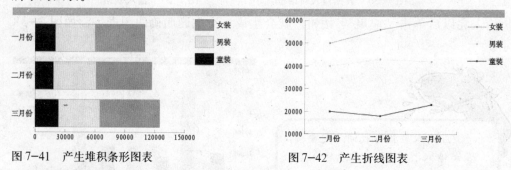

图7-41　产生堆积条形图表　　　　　　图7-42　产生折线图表

6．面积图工具

面积图表是把折线图表的空白地方给填充上，它与折线图表是一样的，也是用连接在一起的点来表示数据。先选择工具栏里的"面积图工具"，在绘图区里拖动鼠标绘制一个矩形区域，松开鼠标后在弹出的对话框里输入如图7-37所示相应的数据，再按"应用"按钮，得到如图7-43所示的图表。

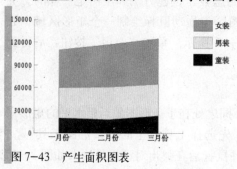

图7-43　产生面积图表

7．散点图工具

在散点图表中没有"分类"，即使在第一列中输入了"分类"，生成图表时也会被忽略。在输入散点图表的数据时，必须要输入横、纵两个坐标的值，其中第一列的数据为点的纵坐标，第二列为点的横坐标。选择工具栏里的"散点图工具"，在绘图区里拖动鼠标绘制一个矩形区域，松开鼠标后在弹出的对话框里输入如图7-44所示的数据。再单击"应用"按钮，得到如图7-45所示的图表。

图7-44 输入数据

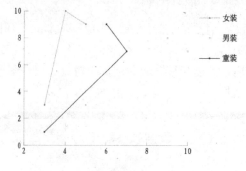

图7-45 产生散点图表

8．饼图工具

饼状图表是用不同角度的扇形来表示数据的，扇形的大小和数据的多少是成正比的。选择工具栏里的"饼图工具"，在绘图区里拖动绘制一个矩形区域，松开鼠标后在弹出的对话框里输入相应的数据，如图7-46所示。再单击"应用"✓按钮，得到如图7-47所示的图表。

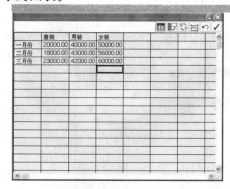

图7-46 输入数据

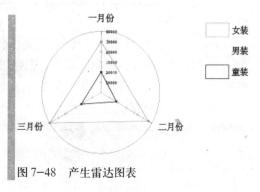

图7-47 产生饼状图表

9．雷达图工具

雷达图表能把一组数据在一个圆上分布并形成对比效果。选择工具栏里的"雷达图工具"，在绘图区里拖动鼠标绘制一个矩形区域，松开鼠标后在弹出的对话框里输入相应数据，如图7-46所示。再单击"应用"按钮✓，得到如图7-48所示的图表。

图7-48 产生雷达图表

上面的图表工具有好多外形和表现方式都差不多的，大家一定要区分好，不然辛苦输入的数据，可就要泡汤了！

7.3.5 设计图表

前面创建的图表，都是最基本的几何图形，怎样才能做出自己心仪的个性图表呢？呵呵，接下来我们就来学习吧！首先，在绘图区里随意绘制一个想要的图形，如图 7-49 所示。选中该图形后选择"对象"→"图表"→"设计"命令，弹出如图 7-50 所示的对话框。

图 7-49　绘制任意图形　　　　　图 7-50　图表设计对话框

单击 新建设计(N) 按钮，此图形就会添加到对话框里，如图 7-51 所示。为了方便寻找，可以单击 重命名(R) 按钮改一下名字。

在弹出的对话框里输入图形的名字，如图 7-52 所示，单击 确定 按钮后此图形就被重命名了。

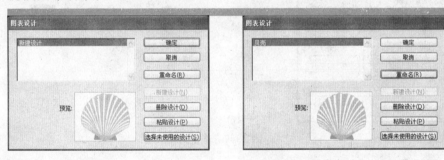

图 7-51　添加图形　　　　　　　图 7-52　图形命名

其次，再使用"柱形图工具" 绘制一个图表出来，选中该图表后选择菜单栏里的"对象"→"图表"→"柱形图"命令，在弹出的"图表列"对话框里选择刚才添加的图形，按照如图 7-53 所示设置选项，单击 确定 按钮后原来柱形表现的图表就变成了如图 7-54 所示的表现方式。

图 7-53　图表列对话框

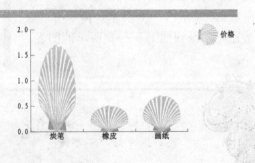

图 7-54　最终效果

对于自己设计的图表，只要是不复杂的图形我们都可以把它们"新建设计"。这样就可以满足不同时候的不同需要了。

7.4　基础应用

符号和图表的基本知识都学习得差不多了，大家现在一定有一些疑惑，学完了这些知识该用到哪方面去呢？下面就让我们看看它们的用处到底有哪些。

7.4.1　符号的堆叠

符号的堆叠在画面里能充分表现实例的空间感，和画笔的应用差不多，也可以应用在壁纸、太阳伞等设计里，如图7-55所示。设计者在这幅作品里新建了一个双圆的实例，并用"符号喷枪工具" 在画面里喷上实例，使用"符号着色器工具" 更改颜色，再用"符号缩放器工具" 更改大小就完成了。使用相同的办法我们还可以自己制作需要的作品。

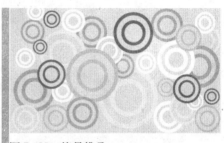

图7-55　符号堆叠

这样看起来，这么简单又时尚的作品，我们也可以做出来呀，只要大家多动脑思考，敢于创新，就什么都难不倒我们。

7.4.2　图表的表现形式

图表的形式可谓多种多样，我们不仅可以使用Illustrator CS3里自带的图表样式，还能自己创建图表样式。方法是在建立好的任意类型图表上，选出需要更改的标注面积，使用填充或其他命令来进行颜色的更改，或再绘制其他图形来装饰图表，总之使图表看起来更美观，如图7-56所示。这就是改变样式后的图表，它可以应用在企业销售、采货花费等数据统计里。至于其他图表样式的更改就不做太多解释了，其方法都是相通的。

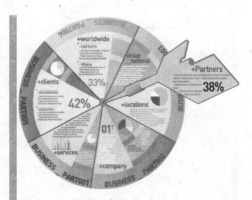

图7-56　设计图表样式

7.5 案例表现——奇妙海底

浩瀚的大海一望无际，海底的世界奇妙无比。想探究海底好看的鱼类吗？那就快点和我一起来吧！如图 7-57 所示。

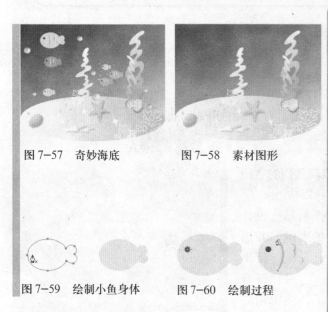

图 7-57　奇妙海底　　　图 7-58　素材图形

01 打开素材文件。打开配套光盘"素材"文件夹中的701.ai图形文件，如图 7-58 所示。

02 绘制小鱼。使用"钢笔工具"在画面里绘制出小鱼的身体轮廓，并把填充色调整成粉色（M：22），如图 7-59 所示。鱼身体有了，下面接着绘制眼睛和鱼鳞。使用"椭圆工具"在鱼头的地方拖出一个小圆来做为鱼的眼睛，把填充色调成黑色，再使用"钢笔工具"在鱼身的地方勾出几条弧形的线条来表现鱼鳞，把填充色调成蓝色（C：50　M：13），如图 7-60 所示。

图 7-59　绘制小鱼身体　　　图 7-60　绘制过程

鱼的身体可以画成千奇百怪的样子，没有必要循规蹈矩只画一种，因为在海底有好多我们从没见过的鱼类呢。开发自己的想象力和创造力画出与众不同的鱼吧！

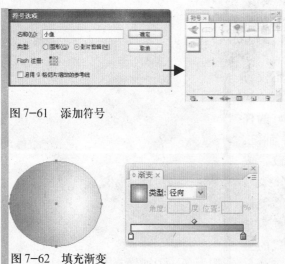

图 7-61　添加符号

图 7-62　填充渐变

03 新建符号实例。选中刚才绘制好的小鱼，按下 Ctrl+Shift+F11 组合键打开符号面板，选择"新建符号"按钮，弹出"符号选项"对话框，如图 7-61 所示。在"名称"文本框中输入名字，然后单击"确定"，新实例就会添加到符号面板里了。

04 绘制气泡。使用"椭圆工具"在画面里绘制一个椭圆，按下Ctrl+F9组合键打开渐变面板，把第一个颜色块调整成白色，第二个颜色块调成蓝色（C：100），"类型"为"径向"，如图 7-62 所示。渐变就自动填充到图形里了。为了增加气泡的立体感，再把气泡加工一下。在气泡上面使用"钢笔工具"，绘制一个如图7-63所示的形状，把颜色调整为深蓝色线性渐变，填充到形状里，如图7-64所示。

在气泡的底部绘制两个白色的椭圆来表示气泡的高光。这样一个生动的气泡就绘制好了。如图7-65所示。

图7-63　绘制图形　　　图7-64　填充渐变　　　　　图7-65　完整气泡

05 新建符号。和新建小鱼符号的方法一样，我们把气泡也添加到符号面板里。选中气泡，打开符号面板，按下"新建符号"按钮，弹出"符号选项"对话框，把"名称"改成"气泡"，这样气泡也添加到面板里了，如图7-66所示。

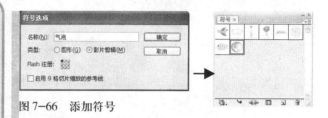

图7-66　添加符号

06 调整鱼群。单击符号面板中添加的小鱼实例，选择"符号喷枪工具"，在画面里按住鼠标左键拖动绘制鱼群，如图7-67所示。

　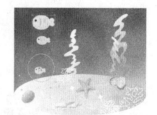

图7-67　绘制鱼群　　　　图7-68　缩小鱼群

这样看起来鱼很没有层次感，为了增强层次感我们使用工具栏里的"符号缩放器工具"，对准想要放大或缩小的鱼单击鼠标，此时鱼群就有了明显的前后关系，如图7-68所示。

使用"符号缩放器工具"来调整鱼群的大小可是有窍门的哦！想放大鱼群的话可以直接单击鼠标，如果想缩小鱼群呢？呵呵，那就要按住Alt键再单击鼠标了！

选择工具栏里的"符号着色器工具"，打开颜色面板，把填充色调成深蓝色，再单击要改变颜色的鱼，就会出现如图7-69所示的效果。

按照同样的方法再添加一组远处的鱼群来增加层次感，如图7-70所示。

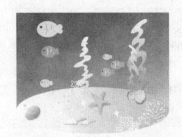

图 7-69　给鱼着色　　　　　　　　图 7-70　增加鱼群

07 增加气泡。打开符号面板，单击选中新添加的气泡实例，选择"符号喷枪工具" ，在画面图像里拖动鼠标绘制一些气泡，如图7-71所示。再使用"符号缩放器工具" 对远处的气泡进行缩小，来增强画面的前后关系，如图7-72所示。

08 最终效果。鱼和气泡都添加完了，然后我们按照自己的要求看哪里不合适再稍作调整。最后我们的奇妙海底就大功告成了！如图7-73所示。

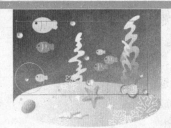

图 7-71　使用气泡实例　　　　图 7-72　缩放实例　　　　图 7-73　最终效果

7.6　疑难及常见问题

1．如何改变符号密度

想改变符号的密度其实很简单，双击工具栏里的"符号喷枪工具" ，就会弹出"符号工具选项"对话框，如图7-74所示。在对话框里调整"符号组密度"的数值即可改变符号的密度，数值越大密度就越大，数值越小密度就越小。

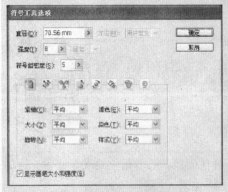

图 7-74　符号工具选项对话框

更改过密度或强度后，不但这次的实例会运用，下次的实例也会运用这次的设置。所以当为某特定实例调整完选项运用后，记得要把选项再调回原来的数值，方便以后用。

2.如何在原图表的数据基础上变换图表

先在画面里绘制一个表格，数据按照如图7-75所示输入。绘制完表格后选中此表格，单击鼠标右键，在弹出的快捷菜单里选择"类型"命令，如图7-76所示。

	钢笔	铅笔	油笔
一月份	90.00	150.00	200.00
二月份	100.00	120.00	190.00
三月份	120.00	170.00	210.00

图7-75 输入数据

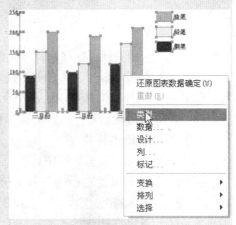

图7-76 选择"类型"

弹出"图表类型"对话框，如图7-77所示，在"类型"选项组里选择需要的图表类型，选择完后单击 确定 按钮，图表就发生变化了。

可以先在任何一个图表工具里输入需要的数值和文字，因为不管绘制什么图表，绘制完后都可以在"图表类型"里任意改变图表类型。

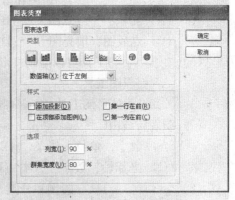

图7-77 图表类型对话框

3.怎样在单元格里输入有效的数字

在"数据输入"对话框的单元格里输入图表的数据时，不能包含非法的数据，例如341，56应该直接输入34156。表格里我们最多能输入32787行和32787列。

4.符号与画笔之间的区别

符号和画笔的区别在于符号可由软件中创建的任何几何对象构成，而画笔只能由简单的线条和填充构成。而且符号比画笔要灵活得多，我们可以用符号的相关工具来改变一个符号或符号组的尺寸、间距和对符号进行旋转。而画笔的改变就要运用到整个组合里，无法单独改变。

7.7 习题与上机练习

1．选择题

(1)(　　　)工具可以移动符号实例。

　　(A) 符号旋转器　　　(B)符号移位器　　　(C) 符号着色器　　　(D) 符号缩放器

(2)(　　　)工具可以绘制一个或多个符号实例。

　　(A) 符号旋转器　　　(B) 符号移位器　　　(C) 符号喷枪　　　(D) 符号缩放器

(3) 符号编辑工具共有(　　　)种。

　　(A) 8　　　　　　　(B) 7　　　　　　　(C) 6　　　　　　　(D) 5

(4) 要想添加电脑自带的符号实例，我们可以通过(　　　)按钮来添加。

　　(A) 置入符号实例　　　　　(B) 符号库菜单

　　(C) 新建符号　　　　　　　(D) 符号选项按钮

(5) 图表的样式共有9种它们分别是：柱形图、堆积柱形图、条形图、堆积条形图、折线图(　　　),(　　　)、饼图和雷达图。

　　(A) 面积图、散点图　　　(B) 横向图、纵向图

　　(C) 点散图、填充图　　　(D) 矩形图、趋势图

(6)(　　　)工具可以绘制柱形图表。

　　(A) 面积图工具　　　　　(B) 饼图工具

　　(C) 堆积柱形图工具　　　(D) 柱形图工具

(7) 图表应该由(　　　),(　　　)和(　　　)三部分组成。

　　(A) 数字、单位、线条　　　(B) 坐标轴、分类、图例

　　(C) 坐标轴、数字、分类　　(D) 线条、图例、单位

(8)(　　　)只有图例和分类，没有坐标轴。

　　(A) 面积图表　　　(B) 饼形图表　　　(C) 堆积柱形图表　　　(D) 柱形图表

2．问答题

(1) 如何改变符号的密度？

(2) 如何从一个图表变换成另一个图表而数据不变？

(3) 如何在"图表数据"对话框里输入数据？

3．上机练习题

(1) 使用符号喷枪工具、符号缩放器工具和符号旋转器工具在画面里绘制一片鸽子。

(2) 使用9种图表工具分别绘制一个图表。

(3) 使用学过的工具创建一个自己需要的图表。

第8章
图层和蒙版的应用

本章内容

实例引入——啤酒公司名片

基本术语

知识讲解

基础应用

案例表现——彩色铅笔

疑难及常见问题

习题与上机练习

本 章 导 读

本章我们要一起来学习图层和蒙版的应用。学会这章后大家就可以灵活地使用图层和蒙版了，利用蒙版能做出好看的效果，使用图层还能提高对图形的组织能力，简化工作流程呢！

8.1 实例引入——啤酒公司名片

名片是当今社会人与人互相了解的常用方法之一，见面后大家都会互递名片以此来让对方了解自己的身份和地位。传统的名片可能已经落伍，下面就让我们发挥自己的想象力来制作一个新颖独特的名片吧，如图8-1所示。

图8-1　啤酒公司名片

8.1.1　制作分析

图8-1中的名片运用了"矩形工具"、"圆角矩形工具"和"文字工具"来绘制完成。尤为重要的是用了图层的排序来完成图像的效果。呵呵，很独特吧！

8.1.2　制作步骤

01 绘制圆角矩形。选择工具栏里的"圆角矩形工具"，在画面里绘制一个填充色为黑色，如图8-2所示的圆角矩形。在此矩形上再绘制一个描边为白色，填充色为黑色的圆角矩形叠压在上面，如图8-3所示。

图8-2　绘制圆角矩形

图8-3　叠压圆角矩形

绘制第二个圆角矩形时要比第一个稍微小一点，让它四周都露出一点黑边，这样才能把下面一层的矩形显现出来。

02 绘制装饰矩形。先按下 F7 键打开图层面板，单击"新建图层" ◲ 按钮，在面板里新建"图层 2"，如图 8-4 所示。选中该层后单击工具栏里的"矩形工具" ◲，按住 Shift 键的同时拖动鼠标绘制一个橙色（C:21 M:62 Y:100）正方形，选中这个矩形，按住 Alt 键拖动矩形到适合位置，就会复制出另一个矩形，如图 8-5 所示。

图 8-4 新建图层　　　　　　图 8-5 绘制矩形

　　选中两个矩形，按住 Alt 键的同时拖动鼠标复制且移到到适合位置，把填充色调整为白色，如图 8-6 所示。

03 打开素材文件。打开配套光盘"素材"文件夹中的 801.ai 图形文件，如图 8-7 所示。

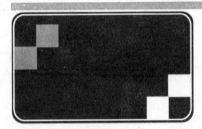

图 8-6 复制图形　　　　　　图 8-7 素材文件

　　在图层面板里新建"图层 3"，把素材文件拖到图层里，调整大小后放到适当位置，如图 8-8 所示。

04 输入文字。在图层面板里我们再新建一个图层 4，然后选择工具栏里的"文字工具" ⊤，在画面里分别输入公司名称、姓名、职务、联系方式等信息，字体颜色和大小随意调整，如图 8-9 所示。

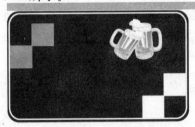

图 8-8 调整素材　　　　　　图 8-9 输入文本

05 最终效果。文本和其他的图形都绘制完后再稍微调整一下，时尚的名片就做好了，如图 8-10 所示。

8.2　基本术语

　　下面带领大家来了解一下本章的基本术语吧！不要

图 8-10 最终效果

偷懒而不把这些名词当回事，这是我们进一步学习的垫脚石呢，一起来吧！

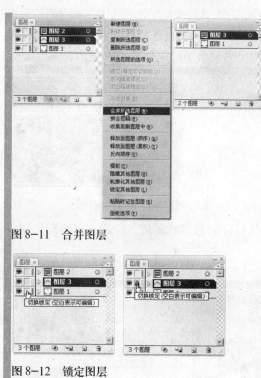

图 8-11　合并图层

图 8-12　锁定图层

8.2.1　合并图层

合并图层指的是把所需要放到一起的图层都集中到一个图层里，这样就方便了对图层的管理，如图 8-11 所示。

8.2.2　锁定图层

对图层进行锁定操作后，将不能对该图层进行编辑和操作。解锁的方法为重新单击锁形图标，如图 8-12 所示。

8.2.3　剪贴蒙版

剪贴蒙版会把图像超过蒙版边界的部分隐藏，转化的是剪贴组合中位于最上方的对象。在应用了剪贴蒙版之后，可以很容易地使用滤镜工具或者其他的任意路径编辑工具调整蒙版对象的轮廓，就像调整蒙版内部的对象一样方便快捷。

8.3　知识讲解

在这节里我们来了解和学习有关图层和蒙版更深一层的内容吧。通过这一节的学习，相信大家能收获不少东西呢。

8.3.1　图层面板

图层面板就好比是家里的收纳柜，它将一副作品的所有对象有条理地分层、分组管理。我们绘制的作品是由很多条路径和图形组成的，这些对象也许层层叠加，也许并行排列。图层面板这时就会合理地管理这些图形。大家制作的作品都是需要多层图层叠加才可以得到预期的效果，图层面板就是主使了，现在大家一起来了解一下图层面板的主要命令吧。

图 8-13　图层面板

1．打开图层面板

在"窗口"菜单中选择"图层"命令或者按快捷键 F7，就可以打开图层面板了，如图 8-13 所示。在这里我们可以对图层进行选择、创建、删除的操作，可以显示或隐藏图层、对图层加锁或解锁。通过图层面板，可以对多个图像进行组织、管理和编辑等，且不相互影响。

2．显示或隐藏图层

在图层面板里会看到在每个图层前面有一个"眼睛"，代表此图层现在显示在画面里，如果"眼睛"没了就代表此图层现在是隐藏的。想控制显示或隐藏图层就可以通过单击"眼睛"来激活或关闭它，如图8-14所示。

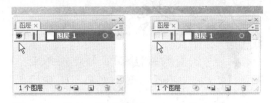

图8-14　显示／隐藏图层

在Illustrator CS3里只能打印显示的图层，如果我们把某个层隐藏了则打印不出来了。

3．锁定图层

在"眼睛"的后面有一个方块区域，这就是我们锁定或解锁图层的控制点。通常情况下图层是不锁定的，如果需要锁定就用鼠标单击，出现锁形图标即可，如图8-15所示。

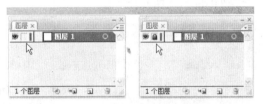

图8-15　锁定／解锁图层

如果图层被锁定了以后，那该层上的图像就不能再做任何编辑，除非我们解除锁定。

4．创建新图层

在图层面板里有一个"创建新图层" 按钮，单击这个按钮后就会新建一个图层，如图8-16所示。新建图层后我们就可以在这个图层上绘制对象。利用添加图层这个命令，还可以按照需要在面板里增加图层的数量。

5．删除所选图层

如果觉得哪个图层不需要了，就在图层面板里选中该图层，再单击"删除所选图层" 按钮，该图层就被删掉了，如图8-17所示。

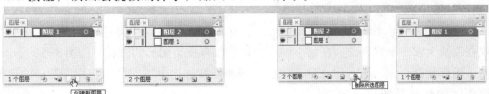

图8-16　新建图层　　　　　　　　图8-17　删除图层

在删除图层的时候要注意一点，那就是删到最后一个图层时该图层是不可以删、也是删不掉的，原因是图层面板里不能没有图层存在。

8.3.2 编辑图层

在上面的图层面板一节里我们大概讲了图层的基本操作，下面我们进一步来了解有关编辑图层的知识。

1．更改图层名称和颜色

在图层面板中对任何一个图层进行双击，就可以打开"图层选项"对话框，在这里可以任意更改图层的名称和颜色等，图层的颜色将决定选区路径的颜色以及节点、约束框和智能辅助线的颜色，这样可以使选中的对象更突出，以方便大家对图层的记忆和区分，如图8-18所示。

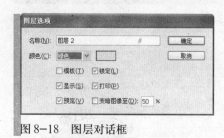

图8-18　图层对话框

选中"模板"复选框，可以把该层变为蒙版层；"锁定"即把该层锁定，即我们刚学的在图层面板中单击出现锁形图标的操作功能是相同的；"显示"就是完成图像的显示；"打印"表明可以打印输出；"预览"就是让图形以普通的方式显示；"变暗图像至"选项是用来控制删格化图像的清晰度。一般情况下采用默认状态即可。

2．调整图层顺序

在画面里，图层的顺序可能并不合意，这时我们就要调整图层的顺序。只要用鼠标在图层面板上单击要移动的层，再拖动该层移动到相应的位置就可以改变图层的顺序了，如图8-19所示。

图8-19　调整图层顺序

3．同时选中一个图层上的对象

绘制较复杂、图层较多的图像时，怎样才能有效地选中每层上的图像呢？呵呵，现在教给大家一个好办法，在每个图层的最后都有一个圆形的图标，如图8-20所示，单击该图标就会看到，画面里在这一层绘制的图像就都选中了。如果想取消选择的话单击绘图区的任意处即可。

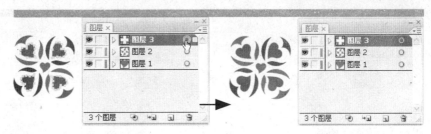

图8-20 全选图形

4．选中多个图层

在绘制图像时我们经常要同时选中多个图层来调整，如何同时选中多个图层呢？打开图层面板，先选中其中一个要选的层，按住 Ctrl 键的同时单击其他要选择的层即可，如图8-21所示。

如果我们想连续选中图层的话，就先选中起始层，按住 Shift 键的同时选择终止层，就会把图层全部选择了，如图8-22所示。

图8-21 多选图层　　　图8-22 全选图层

8.3.3 创建剪切蒙版

下面一起来学习有关蒙版的相关操作，很简单的，大家一定要有信心。对蒙版的操作是建立在对图层的了解之上的，如果对图层和堆叠顺序比较熟悉，则可以很容易地掌握蒙版，对前面不是太了解的则不要偷懒哦，赶紧抓紧练习吧。蒙版操作就是蒙住任意的图层组合、子图层或图层中不需要的区域。

(1)新建子图层。新建一个 Illustrator CS3 文件，按下F7键打开图层面板，选中"图层1"，单击"创建新子图层" 按钮，就生成了图层1的子图层——图层2？，如图8-23所示。

(2)绘制图形。选中刚才添加的子图层，在此图层里随意绘制一个图形，如图8-24所示。

图8-23 添加子图层　　　图8-24 绘制图形

再选中图层1，单击"创建新子图层" 按钮，新建"子图层3"，如图8-25所示。在图层3里绘制一个红色的星形，把它和刚才绘制的图形重叠在一起，如图8-26所示。

图 8-25　创建子图层　　　　　　　　　　　图 8-26　绘制图形

(3)创建剪切蒙版。下面是关键步骤啦！选中图层1后单击"建立\释放剪切蒙版"
按钮，如图8-27所示。也可选择"对象"→"剪切蒙版"→"建立"命令。可能看
到上面一层的星形覆盖并剪切了下面的图形，如图8-28所示。这就是基本的剪切蒙版的
方法。

图 8-27　剪切蒙版　　　　　　　　　　　图 8-28　蒙版效果

> 创建蒙版可以通过两种操作实现，但是这两者的操作结果是不相同的。执行
> 图层面板里的"创建\释放剪切蒙版"命令后，会保持图层结构不变，而在菜
> 单中执行的命令则会把所有的被选对象集中到一个新的组合里。所以大家一定要
> 选择好合适的创建蒙版方法。

8.3.4　编辑蒙版

执行"剪切蒙版"命令后仍旧可以调节任何图层的任何元素，可以在图层或子图
层内移动对象，改变对象之间的相互堆叠顺序，做变形等任意效果，就像在操作蒙版
内部的对象一样，方便快捷，如图8-29所示。大家可以自己动手实践一下。

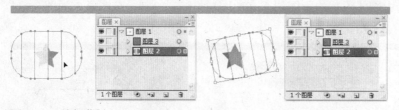

图 8-29　编辑蒙版

> 如果选不中隐藏的图形怎么办呢？有一个很简便的刚才讲过的方法，
> 那就是单击此图层后面的那个小圆形，那这个层上的所有图形就会全部被选
> 中，这时再进行调整就方便多了。

8.3.5 释放蒙版

释放蒙版也可以一步到位，和建立剪切蒙版的操作相同，选中图层，单击"建立\释放剪切蒙版"按钮 就可以了，也可以通过"对象"→"剪切蒙版"→"释放"命令来达到释放的效果，如图8-30所示。

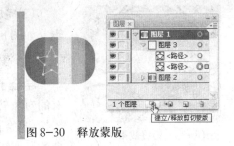

图8-30 释放蒙版

> 剪切蒙版和被蒙住的对象必须是在同一个图层或者同一个群组中，图层中的第一个对象或群组会蒙住本层中所有其他的子层或群组。

8.3.6 不透明度蒙版

Illustrator CS3软件运用不透明蒙版更改底层图片的不透明度，最上层的对象作为蒙版。在蒙版中填充从"白色"到"黑色"的渐变，其中不透明蒙版为白色则底图就会完全显示，不透明蒙版为黑色则底图就会完全被掩盖，渐变的灰度使底图的透明度出现不同程度的更改。

1. 创建不透明蒙版

在IllustratorCS3中有两种蒙版，剪贴蒙版和不透明度蒙版。大家学会了剪切蒙版的使用方法，接下来我们就来学习软件中的另一种蒙版——不透明蒙版。

(1)新建子图层。选择"文件"→"新建"命令，或使用Ctrl+N组合键，创建一个Illustrator CS3文件，按下F7键打开图层面板，如图8-31所示。单击面板下的"创建新子图层"图标，即创建出图层1的子图层，默认名为图层2，如图8-32所示。

图8-31 图层面板

图8-32 创建子图层

(2)创建不透明蒙版。选择一个对象或者一个群组，如图8-33所示。按下Shift+Ctrl+F10组合键打开"透明度"面板，如图8-34所示。在图中红色标记框内的位置双击鼠标，即创建了一个可编辑蒙版。用"钢笔工具" 在图中合适位置绘制蒙版形状并填充为从黑色到白色的渐变，如图8-35所示。

图8-33 选择一个对象

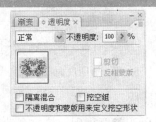

图8-34 透明度面板

图8-35 渐变后的蒙版形状

图8-36　最终效果图

(3)完成编辑。单击透明度面板中的"左缩略图"结束编辑。如图8-36所示。

2．将现有对象转换为不透明蒙版

学会了怎样创建不透明蒙版，下面我们来看看怎样把现有的对象转换为不透明蒙版吧。

(1)绘制图形。先创建子图层，然后绘制一个从粉色到白色的渐变矩形框，如图8-37所示。继续创建子图层，在图层中输入字母"L"，字体为"AhnbergHand"，创建轮廓，填充从白色到黑色的渐变，如图8-38所示。

(2)转换为不透明蒙版。用"选择工具" 选中矩形框和字体，打开"透明度"面板，如图8-39所示。单击面板右上方的下拉箭头，在菜单中选择"建立不透明蒙版"命令，就会得到如图8-40所示的图形。

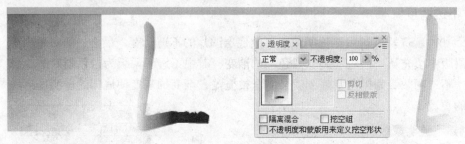

图8-37　渐变矩形框　　图8-38　渐变字体　　图8-39　透明度面板　　图8-40　效果图

3．编辑蒙版对象

在建立了不透明蒙版后，可以用编辑蒙版对象来改变蒙版的不透明度和形状，方法是按住Alt键的同时单击面板中的"右缩略图"，如图8-41所示，就可开始编辑了，完成编辑当然是和上面讲的方法一样喽。

4．删除蒙版对象

如果编辑的蒙版不满意，可以选择面板菜单中的"释放不透明蒙版"命令，如图8-42所示。这样蒙版就出现在整个图层的最上方，然后就可以执行删除命令了。

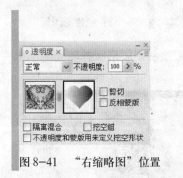

图8-41　"右缩略图"位置　　图8-42　透明度面板菜单

5．链接／取消链接不透明蒙版

想要移动蒙版或改变它的大小，就要用到链接这个功能了，在图8-41中我们可以看到左右两个缩略图之间有个链接符号，单击它就可以完成链接和取消链接了。还可以在面板菜单中找到链接这个功能哦。

　　因为不透明蒙版是依附在底层图片上的，所以要链接或取消链接时一定要选择底图，也就是左缩略图哦。

6．停用／启用不透明蒙版

　　选择停用蒙版时，创建的不透明度也会随之消失了，相反启用当然不透明度又会出现了。方法很简单，按住Shift键单击蒙版即停用，如图8-43所示，以相同方法再操作一遍就重新启用了。同样在面板菜单中也能找到这项操作。

图8-43　停用不透明蒙版

7．剪切／反相蒙版

　　当勾选"剪切"命令时，蒙版的背景就变成黑色的了，如图8-44所示。想想上面说过的不透明蒙版的原理！不透明蒙版为黑色则底图就会完全被掩盖掉了，这时再看看图片效果，就只剩下蒙版形状的图像了。

　　我们再来看看"反相蒙版"命令，先来勾选一下看看效果，是不是看到透明度的变化了？如图8-45所示。原本明度高的位置与明度低的位置做了切换。如果想在建立蒙版时达到反相的效果，就要勾选面板菜单中的"新建不透明蒙版为反相蒙版"。

图8-44　选中"剪切"命令　　　图8-45　选中"反相"命令的对比效果

8．隔离混合

　　勾选了即会隔离掉之前选择的图片混合模式，防止混合模式的应用范围超过组的底部。

9．挖空组

　　当你以一个组的图形作为蒙版时，更改了透明度之后相交的部分会以调和色出现。勾选了这个选项后，图形就会以各自单独的颜色出现了，在勾选这个选项时你会发现出现了一种方形标记，当你想要编组图稿，又不想与涉及的图层或组所决定的挖空行为产生冲突时，就要使用这种方形标记。

10．不透明度和蒙版用来定义挖空文件

　　勾选该项可使挖空组中的元素按其不透明度设置和蒙版成型。该技巧对使用混合模式的对象最为有用。挖空效果随蒙版区域的不透明值增高而变强。

8.4　基础应用

图层在图像里的运用可以说是无处不在，经过调整后的图层也许可以完全改变图像的效果，所以我们不可以轻视图层哦。而蒙版也可以说是制作好看效果的重要"武器"之一。下面我们来看看它们都具体用在哪些方面吧！

8.4.1　图层的排序

图层的排序主要是应用于图像的前期制作，千万不要小看了这个前期制作，就像做一件事，前期工作做得不到位，这件事情很有可能就不会成功。给图层排序要按照图像的美观和图形的叠压顺序来调整。如图8-46所示，这是一个没排序的图像，是不是感觉很别扭？把应该放在前面的鲜花给移到了圆形的后面，可能是在绘制的时候先绘制了鲜花，然后绘制的圆形，现在利用改变图层顺序的方法把鲜花的图层移到上面，如图8-47所示。这样看着就舒服多了吧！

图8-46　没有排序的图像　　　　图8-47　排好序的图像

8.4.2　模板图层

双击一个图层，弹出"图层选项"对话框，勾选"模板"复选框，如图8-48所示，然后单击　确定　按钮。大家会发现图层的名称是斜体的，而且会出现一个如图8-49所示图标，表示该层不能被打印，只能显现出来。那这有什么用处呢？这个斜体图层主要用于当我们需要创建一个基于当前图层的新图层时，就可以创建模板层，一个图层被执行了此操作后，就会被锁定且变暗，像拷贝纸一样，方便新层的制作。要想解除锁定，单击左侧的锁状图标；单击图层面板的菜单按钮，再单击"模板"命令使前面的对勾消失，此时恢复打印功能。

图8-48　图层选项　　　　　　图8-49　操作后的图层

8.4.3　打印作品

打印作品是各个设计软件里必不可少的功能之一，在Illustrator CS3里打印作品时，可以用图层或子图层分离打印作品的符号和标记，使其容易分辨即可，因为可以通过单击图层前面的眼睛图标隐藏或显示图层，因此可以为每个对象使用单独的图层，以此来方便在Illustrator CS3中校样时隐藏一些图形。选择"文件"→"打印"命令或按快捷键Ctrl+P，在"打印"对话框中设定需要的选项后单击"完成"按钮，即可打印输出。单击"取消"按钮即可取消打印操作。如图8-50所示。

图8-50　打印出的作品

8.4.4　将图层输出Photoshop

将图层输出主要是为了使某些图片能在Photoshop里应用。在默认的状态下，我们可以使用拖动、复制和粘贴等方式把图层里的图像移入Photoshop中，被移入的图像都会被光栅化。我们还可以通过运用他们的共同特征来实现由Illustrator到Photoshop的转移。在Illustrator CS3中可以打开和导出Photoshop PSD文件，通过改变文件格式更方便一些，在输出时尽量保持文件的完整性，如图8-51所示。导入Photoshop后可以对其进行编辑图层和文字，但这些文本不能再转到Illustrator中。

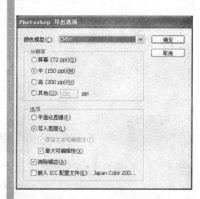

图8-51　导出Photoshop选项

8.4.5　多彩蒙版

在蒙版里我们离不开多彩蒙版的运用，它是先创建一个复杂的混合，再使用一个自定义的蒙版将它蒙住。然后创建第二个混合和蒙版的联合体，最后使用复合路径将两个对象作为蒙版。如图8-52所示。

图8-52　多彩蒙版效果

8.5　案例表现——彩色铅笔

前面简单讲了如何使用剪贴蒙版和彩色蒙版，接下来我们就通过"彩色铅笔"的案例进一步地研究怎样使用蒙版。效果如图8-53所示。

01 绘制笔杆。选择工具栏里的"矩形工具"，在画面里绘制一个矩形。按下Ctrl+F9组合键打开渐变面板，在渐变条下方添加3个颜色块，并双击每一个颜色块更改它们的颜色，如图8-54所示。

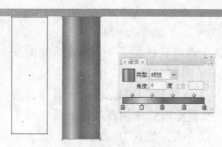

图 8-53 彩色铅笔　　　　图 8-54 绘制矩形并填充渐变色

02 绘制笔头。打开图层面板，新建一个"图层2"，在此图层里使用矩形工具在笔杆的上方绘制一个细小的矩形，并使用自由变换工具旋转成如图8-55所示的样子。按住"Alt"键拖动、复制矩形并旋转组成三角形状，如图8-56所示。每一个矩形的颜色都可按需要填充，如图8-57所示。

图 8-55 绘制小矩形　　　图 8-56 复制矩形　　　图 8-57 填充颜色

图 8-58 混合图形　　图 8-59 完成混合

03 创建混合。选中两个刚才绘制的矩形，使用工具栏里的混合工具单击两个图形进行混合，如图8-58所示。按照同样的方法把其他的也进行混合，就会出现渐变的笔头效果，如图8-59所示。

04 创建蒙版。我们在刚才混合完的图形上使用钢笔工具给笔头创建一个蒙版对象，如图8-60所示。然后选中混合的图形和蒙版对象，单击图层面板下方的"建立＼释放剪切蒙版"按钮，就会看到笔头有了蒙版效果。如图8-61所示。

图 8-60 创建蒙版对象　　　图 8-61 使用蒙版效果

05 创建混合。打开图层面板，新建一个"图层3"，和创建笔头混合的方法一样，再创建一个笔尖的混合，如图8-62所示。

06 创建蒙版。在绘制笔尖的地方接着绘制一个蒙版对象，如图8-63所示。然后选中混合图形和蒙版对象，单击图层面板里的"建立＼释放剪切蒙版"按钮，就出现了蒙版效果，如图8-64所示。

图 8-62 创建混合

07 最终效果。为了丰富画面，只有一只铅笔是远远不够的，我们可以使用刚才学习的方法来多绘制几只不同颜色的铅笔，直到画面丰富到满意为止，如图 8-65 所示。

图 8-63 创建蒙版对象   图 8-64 蒙版效果   图 8-65 最终效果

使用过蒙版后的图形就不能再复制了，必须要新建图层重新绘制才可以。千万不要图省事而去复制粘贴，这可是行不通的哟！

8.6 疑难及常见问题

1.为什么不能选取对象

在对一个对象或一个图层进行操作时，难免会遇到不能选取的现象，别急，看看是不是没有注意到以下问题。看看图层面板中该图层或对象之前有没有锁形图标，若存在，单击它该层就解除了锁定，如图 8-66 所示。否则，再看看对象的边线是否被隐藏了。还不是？不要紧，在图层面板里看看每个图层前面的"小眼睛"图标是否显示，如图 8-67 所示。如果没有，则在对应图层的前面单击，"小眼睛"图标就显示出来了，这时即可对该图层进行选取操作。

图 8-66 被锁定后图形选择不了   图 8-67 被隐藏后图形选择不了

2.隐藏的对象为什么打印出来了

此对象虽然隐藏了，但它所存在的图层可能是可视的，此时是可以把该对象打印输出的。只有隐藏该层，此对象才不具备打印输出的能力。如图8-68所示。

图 8-68　隐藏该图层

3.快速解除锁定对象的方法

前面讲到了怎么锁定、解锁图层，那如何快速地做到这一点呢？选中要锁定的图像，按下 Ctrl+2 组合键，选中的图形就会被锁定，要解锁时只需单击画面空白处，再按下 Ctrl+Alt+2 组合键就会把该图像给解锁。

4.如何向一个蒙版插入对象

其实在蒙版里插入对象很简单，大家不要把它想得多么复杂。只要选中该图层，再单击"创建新子图层"　按钮，在新的子图层里绘制对象就可以了。因为是在蒙版的效果下插入对象，所以绘制的对象会被蒙版给剪切去了，这时就按照需要来拖动或编辑此图形让他显现出来就行了。

8.1　习题与上机练习

1. 选择题

(1) 按下(　　)快捷键可以打开图层面板。

　　(A) F4　　　　(B) F5　　　　(C) F6　　　　(D) F7

(2) 按下(　　)+(　　)组合键可以锁定选中的图像。

　　(A) Ctrl、1　　(B) Ctrl、2　　(C) Ctrl、3　　(D) Ctrl、4

(3) 按下(　　)+(　　)+(　　)组合键可以解锁选中的图像。

　　(A) Ctrl、Shift、1　　(B) Ctrl、Alt、2

　　(C) Ctrl、Alt、3　　　(D) Ctrl、Shift、4

(4) 单击(　　)按钮可以在图层面板里新建一个图层。

　　(A) 新建图层　　　　　(B) 创建新子图层

　　(C) 创建蒙版效果　　　(D) 释放蒙版效果

(5) 按下(　　)+(　　)组合键可以打印完成的作品。

　　(A) Ctrl、P　　　　(B) Ctrl、A　　(C) Alt、C　　(D) Shift、A

(6) 按下(　　)键可以隔层多选图层。

　　(A) Ctrl　　　　　　(B)Tab　　　　　(C) Alt　　　(D) Shift

(7) 按下(　　)键可以全选图层。

　　(A) Ctrl　　　　　　(B) Tab　　　　　(C) Alt　　　(D) Shift

(8)(　　)可以调整图层顺序。

　　(A) 按下 Ctrl 键　　　　(B) 按下 Tab 键

　　(C) 按下 Alt 键　　　　　(D) 用鼠标单击拖拽图层

2．问答题

（1）怎样快速锁定或解锁图像？

（2）怎样创建一个简单的剪贴蒙版？

（3）怎样把图像输出到 Photoshop 里？

3．上机练习题

（1）使用钢笔工具、椭圆工具等绘制一个层次分明的鲜花。

（2）随意绘制图形来创建一个剪贴蒙版。

（3）使用蒙版命令绘制一只蜡笔。

第9章
滤镜、效果与样式

本章内容

本章导读

这一章我们来学习滤镜、效果和图形样式的运用。大家要认真听好！因为我会运用这一章的内容制作大量的图片效果进行对比，还会对菜单中每一个命令的使用方法与相应对话框的选项进行详细说明。想学习的朋友千万不要错过呀！

9.1 实例引入——石刻文字

听说过"封印爱情"这个传说吗？据说如果想和相爱的人永远在一起的话，就两个人一起到海边找一块鹅卵石，然后在石头的背面刻上两人的名字再在正面刻上封印，把它丢到大海里，这样海神就可以保佑他们永远相爱。呵呵，现在我们就来用Illustrator CS3做一个"封印的石头"，如图9-1所示。

9.1.1 制作分析

如果大家认为"石刻文字"作品是用一个效果独立完成的话那可就错了。其实它是运用了效果菜单里的投影、龟裂缝和外发光等效果组合而成的。是不是觉得很逼真呀？想学会的话就快跟我开始吧！

图9-1 石刻文字

9.1.2 制作步骤

01 绘制石头轮廓。选择"钢笔工具"，在绘图区里绘制一个填充色为黑色，类似石头外形的轮廓，如图9-2所示。

02 填充渐变色。选中绘制好的石头轮廓，按下Ctrl+F9组合键打开渐变面板，把"类型"选项调成径向。并使用"渐变工具"在

图9-2 绘制轮廓

画面里拖拽鼠标把颜色填充上，如图9-3所示。

03 添加模糊效果。先选中绘制好的图形，再选择菜单栏里的"效果"→"模糊"→"径向模糊"命令，弹出"径向模糊"对话框，按照如图9-4所示的参数进行调整。就会出现如图9-5所示的效果。

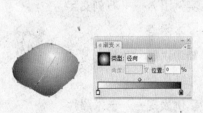

图9-3 填充渐变色

图9-4 径向模糊对话框

图9-5 模糊效果

　　　．调整模糊对话框的时候"数量"选项的数值不宜过大，因为过大的话模糊的效果会很不理想。

04 添加投影效果。选中添加了模糊效果的图形，再选择"效果"→"风格化"→"投影"命令，按照如图9-6所示的参数进行调整，调整后单击 确定 按钮，如图9-7所示。

图9-6　投影对话框

图9-7　投影效果

05 添加龟裂缝效果。选中刚才的图形，再选择"效果"→"纹理"→"龟裂缝"命令，按照如图9-8所示的参数进行调整，调整后单击 确定 按钮，图形就会出现龟裂缝效果，如图9-9所示。

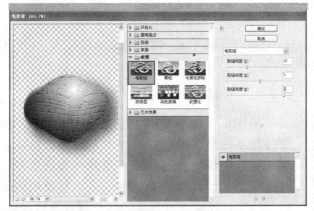

图9-8　龟裂缝效果对话框

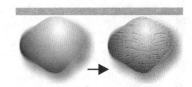

图9-9　龟裂缝效果

06 输入文字。选择工具栏里的"文字工具" ，在添加效果的图形上单击，输入"封印"文字，选中该文字，再选择菜单栏里的"文字"→"创建轮廓"命令，文字就被释放了，这样更容易编辑，如图9-10所示。

图9-10　释放文字

　　　想把文字释放不光可以使用命令释放，还可以使用快捷键Shift+Ctrl+O来释放文字。把文字释放还有一个好处就是，如果使用的字体被删除或不存在了也不会影响到它，因为它已经被转换成图形了。所以在给文字做效果时，我们最好把文字释放后再进行操作。

07 给文字添加龟裂缝效果。选中释放的文字，再选择"效果"→"素描"→"网状"命令，在弹出的对话框里，按照如图9-11所示的参数进行调整，然后单击  按钮，如图9-12所示。这样，石刻文字的效果基本就出来了。

图9-11　网状效果对话框　　　　　　　　　　　　　　　图9-12　文字网状效果

9.2　基本术语

刚才在讲实例的时候大家是不是有好多的术语都是第一次接触，感觉很陌生呢？不要着急，我们马上就来"解决"它们。

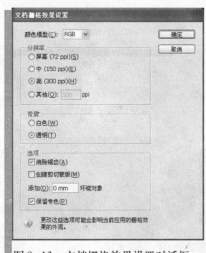

图9-13　文档栅格效果设置对话框

9.2.1　栅格效果

在Illustrator CS3里制作图像效果时，图像分辨率的默认值设置得很低，因为这能使在编辑时好更快地预览效果。但是当要准备打印时，我们又想以较高的分辨率来重新使用效果进行打印。如果不对效果的这些设置进行修改，那么效果就以默认为"72ppi"打印出来。为了使打印更好的效果，就选择"效果"→"文档栅格效果设置"命令调整分辨率，从而达到栅格的效果，如图9-13所示。如果我们还需要在文件上使用效果进行编辑，那就要保存为低分辨率，因为在高分辨率下进行工作会显得很慢。

9.2.2　3D效果

3D效果能把包括文本在内的2D图形转换为有3D效果的图形。在对3D效果进行设置时，可以改变3D图形的视图，还可以对它进行旋转、亮度和表面属性等设置，如图9-14所示。

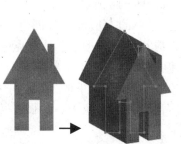

图9-14 使用3D效果

9.2.3 涂抹效果

涂抹效果和我们平时所说的涂鸦效果差不多，它大部分是对图像运用手绘的效果。在"涂抹选项"对话框里还可以调整和设置线条选项，从而达到不一样的涂抹效果，如图9-15和9-16所示。

图9-15 涂抹对比效果

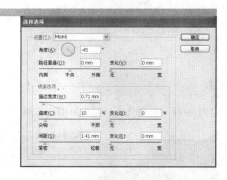

图9-16 涂抹选项对话框

9.2.4 图形样式

图形样式可以说是许多效果的总和，它包括3D效果、艺术效果和涂抹效果等多种复杂的效果。在设计图形的过程中，可以直接通过图形样式面板一次性完成复杂的编辑，也可以对已有的图形样式进行再编辑，如图9-17所示。

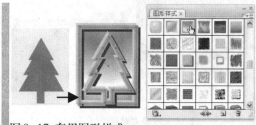

图9-17 套用图形样式

9.3 知识讲解

光会纸上谈兵可万万不行呀！想学会真正的知识还是要靠实践。只有在实践中才能发现自己有哪些地方不足，从而来完善和丰富自己。好了，一起来看看吧！

图9-18　滤镜菜单

9.3.1　关于滤镜

　　Illustrator CS3里的滤镜和Photoshop的滤镜用法大体相同，下面我们来学习一下滤镜的相关知识。先来认识一下滤镜菜单，如图9-18所示。

　　"滤镜"菜单的上层选项（创建、扭曲和风格化）的命令都可以应用到矢量图形（马赛克命令例外），如图9-19所示。但"创建"的子菜单中只有部分命令可以应用到位图对象。"滤镜"菜单的下层选项的命令都是位图滤镜，可以应用到位图对象上，如图9-20所示。

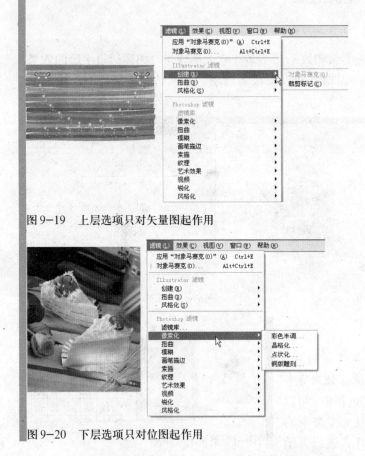

图9-19　上层选项只对矢量图起作用

图9-20　下层选项只对位图起作用

9.3.2　应用滤镜

　　大家刚才是不是看到了滤镜里有好多奇怪的命令，例如：素描、纹理和艺术效果等。绘制好的矢量图和位图怎样才能出现这样的效果呢？哈哈，不卖关子了，在下面的内容里大家就会明白它们的用途了。

　　1. 创建命令

　　(1)对象马赛克。任意打开一幅位图图像并选中，选择菜单栏里的"滤镜"→"创建"

命令，如图9-21所示。

这时创建命令里的子菜单都是激活的，说明可以对图像进行编辑。选择"对象马赛克"命令弹出如图9-22所示对话框。下面介绍该对话框中部分选项的含义。

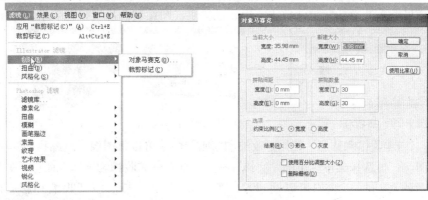

图9-21　创建命令子菜单　　　　图9-22　对象马赛克对话框

约束比例选项：锁定原来位图图像的宽度和高度尺寸。结果选项：指定马赛克拼贴是彩色的还是黑白的。使用"百分比调整大小"选项表示可以通过调整宽度和高度的百分比来更改图像大小。删除栅格选项表示可以删除原始位图图像。"使用比率"中运用"拼贴数目"中指定的拼贴数能使拼贴呈方形。我们可以按照需要来进行设置，设置完后单击 确定 按钮，图像就会变成马赛克效果，如图9-23所示。

（2）裁剪标记。这个命令对位图和矢量图都很适用，因为它可以根据选择对象的脊线创建裁剪标记，如图9-24所示。

图9-23　应用马赛克效果　　　　图9-24　裁剪标记在位图、矢量图里的运用

2．扭曲命令

（1）扭拧。使用"扭拧"命令可以快速改变矢量对象形状。选中任意矢量图像，选择菜单栏里的"滤镜"→"扭曲"→"扭拧"命令，弹出"扭拧"对话框，如图9-25所示。

在"数量"选项组中可以选择"相对"或"绝对"单选按钮，来设置水平或垂直扭曲。在"修改"选项组中可以指定是否修改锚点、"导入"控制点和"导出"控制点。调整完后单击 确定 按钮，就可以得到扭拧效果，如图9-26所示。

图9-25　扭拧对话框　　　　图9-26　应用扭拧效果

（2）扭转。使用"扭转"命令可以旋转一个对象，通常中心的旋转程度比边缘的旋转程度大。输入正值图像将顺时针扭转，输入负值将逆时针扭转。先选中图像，再选择"滤镜"→"扭曲"→"扭转"命令，弹出"扭转"对话框，如图9-27所示。在"角度"选项里输入想要的数值，单击 确定 按钮，图像就会出现扭转效果，如图9-28所示。

图9-27　扭转对话框　　　　　　图9-28　扭转效果

（3）收缩和膨胀。使用"收缩和膨胀"命令可以将图像进行缩拢和膨胀处理。先选中图像，再选择菜单栏里的"滤镜"→"扭曲"→"收缩和膨胀"命令，弹出如图9-29所示的对话框。我们可以通过输入数字或拖动滑条来控制收缩和膨胀的数值，单击 确定 按钮，图像就会出现扭转效果，如图9-30所示。

图9-29　收缩和膨胀对话框　　　　图9-30　收缩膨胀效果

在对话框里输入负值可以将图像收缩，适当的正值则能把图像给膨胀起来。我们在输数值的时候一定要把预览复选框打开，这样才能更好地控制图像。

（4）波纹效果。使用"波纹效果"命令可以把矢量对象的路径段变为各种大小的尖峰和凹谷的锯齿组。先选中图像，再选择菜单栏里的"滤镜"→"扭曲"→"波纹效果"命令，弹出"波纹效果"对话框，如图9-31所示。

选择"绝对"或"相对"单选按钮来设置路径段的最大长度。"每段的隆起数"文本框中的数值表示每英寸锯齿边缘的密度。选择"平滑"或"尖锐"单选按钮可以选择圆滑边缘或尖锐边缘。调整完数值后，单击 确定 按钮，图像就会出现波纹效果，如图9-32所示。

图9-31　波纹效果对话框　　　　图9-32　波纹效果

(5)粗糙化。使用"粗糙化"命令可以改变图像的路径段使其变得不规整。选中图像，选择菜单栏里的"滤镜"→"扭曲"→"粗糙化"命令，弹出"粗糙化"对话框，如图9-33所示。

选择"绝对"或"相对"单选按钮来设置路径段的起伏程度。"细节"选项可调整路径弯曲程度。调整后单击 确定 按钮，图像就会出现粗糙化效果，如图9-34所示。

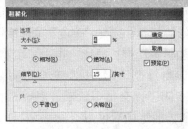

图9-33 粗糙化对话框

图9-34 粗糙化效果

(6)自由扭曲。使用"自由扭曲"命令可以拖动对话框中4个边角的控制点来改变矢量图像的形状。先选中图像，再选择菜单栏里的"滤镜"→"扭曲"→"自由扭曲"命令，弹出"自由扭转"对话框，如图9-35所示。

按住其中一个点来拖动鼠标进行调整，如果调整后觉得不合适想恢复原来的图形，再单击"重置"按钮就可以了，如图9-36所示。

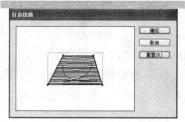

图9-35 自由扭曲对话框

图9-36 自由扭曲效果

3．风格化命令

(1)圆角。使用"圆角"命令可以将矢量对象的尖角转换为圆角。先选中一个图像，再选择菜单栏里的"滤镜"→"风格化"→"圆角"命令，在"圆角"对话框里设定好圆角半径后单击 确定 按钮，图像就会执行圆角命令，如图9-37所示。

（2）投影。使用"投影"命令可以对图像添加阴影。先选中图像，再选择菜单栏里的"滤镜"→"风格化"→"投影"命令，弹出"投影"对话框，如图9-38所示。

图9-37 圆角效果

图9-38 投影对话框

图9-39 投影效果

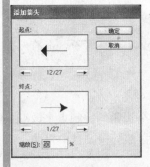

图9-40 添加箭头对话框

图9-41 添加箭头效果

在"模式"下拉列表中可以选择阴影的混合模式。"不透明度"指的是所需投影的不透明度百分比。在"X、Y位移"选项中输入所需的数值来设置投影偏离对象的距离。"模糊"选项用来设定阴影的模糊程度，数值越大阴影就越模糊越发散。选中"颜色"单选按钮，单击色块会弹出"颜色选择器"对话框，可以在里面设定阴影的颜色。选择"暗度"单选按钮后可以设置为投影添加黑色深度百分比。单击"创建单独阴影"复选框后可以将每个阴影直接置于应用阴影的对象背后，否则所有阴影都会集中置于最底层的所选对象背后。调整完所需的选项后单击 确定 按钮，图像就会执行投影命令，如图9-39所示。

(3)添加箭头。使用"添加箭头"命令可以为线段、直线和曲线添加箭头。还可以调整线段的方向、长短和形状，其添加的箭头也会随着改变。使用钢笔工具在画面里绘制一条路径，选中该路径，再选择菜单栏里的"滤镜"→"风格化"→"添加箭头"命令，弹出如图9-40所示的对话框。

单击对话框中起点和终点箭头框下的方向键，可以为线段的起点和终点选择不同的箭头设计。可以在比例选项里面输入数值重新调整箭头的大小。选择完需要的箭头样式后单击 确定 按钮，路径就会执行箭头命令，如图9-41所示。

4．像素化命令

(1)彩色半调。使用"彩色半调"命令可以模拟在图像的每个通道上使用放大的半调网屏效果。每个通道滤镜都将把图像划分为许多矩形，再用圆形来替换每个矩形。圆形的大小与矩形的亮度成比例。选中一幅位图图像，选择菜单栏里的"滤镜"→"像素化"→"彩色半调"命令弹出"彩色半调"对话框，如图9-42所示。"最大半径"选项决定画面中生成网点的半径。"网角"选项决定每个通道所指的网屏角度。设定数值后单击 确定 按钮，图像就会执行彩色半调命令，如图9-43所示。

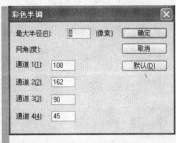

图9-42 彩色半调对话框

图9-43 彩色半调效果

(2)晶格化。使用"晶格化"命令可以将图像里的颜色结成块，形成多边形来绘制图像。先选中一个位图图像，再选择菜单栏里的"滤镜"→"像素化"→"晶格化"命令，弹出"晶格化"对话框，如图9-44所示。"单元格大小"选项决定画面中生成单元格的大小，数值越大单元格就越大。调整完后单击 确定 按钮，就会出现晶格化效果，如图9-45所示。

图9-44　晶格化对话框　　　图9-45　晶格化效果

（3）点状化。使用"点状化"命令可以将图像里的颜色分解成网点。先选中一个位图图像，再选择菜单栏里的"滤镜"→"像素化"→"点状化"命令，弹出"点状化"对话框，如图9-46所示。"单元格大小"选项决定图像中生成点的大小，数值越大生成的点越大。调整数值后单击 确定 按钮，效果如图9-47所示。

图9-46　点状化对话框　　　图9-47　点状化效果

（4）铜版雕刻。使用"铜版雕刻"命令可以将彩色图像转换为颜色完全饱和的随机图案。先选中一个位图图像，再选择菜单栏里的"滤镜"→"像素化"→"铜版雕刻"命令，弹出"铜版雕刻"对话框，如图9-48所示。在"类型"下拉列表中可以选择任意一种网格类型，使图像产生不同的效果。选择完后单击 确定 按钮，就会出现如图9-49所示的效果。

图9-48　铜版雕刻对话框　　　图9-49　铜版雕刻效果

5. 扭曲命令

（1）扩散亮光。使用"扩散亮光"命令可以将图像渲染成像透过一个柔和的扩散滤镜来观察到的效果。先选中一个位图图像，再选择菜单栏里的"滤镜"→"扭曲"

→"扩散亮光"命令，弹出如图9-50所示的对话框。

调整"粒度"选项可以控制向图像添加颗粒的数量。调整"发光量"选项可以对图像的发光强度进行控制。调整"清楚数量"选项可以决定背景色覆盖区域的范围，数值越大覆盖的区域越小。大家可以看到在这个对话框里"扭曲"命令的三个子命令都可以在这个对话框里进行调整，这样我们就可以在这里直接选择其他的效果进行调整了。调整完后单击 确定 按钮，图像就会出现如图9-51所示的效果。

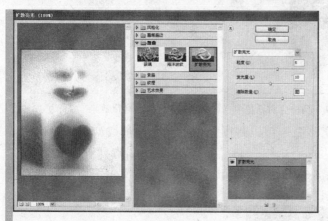

图9-50　扩散亮光对话框　　　　　　　　　　　　　　图9-51　扩散亮光效果

(2)海洋波纹。使用"海洋波纹"命令可以给图像随机添加波纹，感觉看上去像在水里一样。先选中一个位图图像，再选择菜单栏里的"滤镜"→"扭曲"→"海洋波纹"命令，弹出"海洋波纹"对话框，如图9-52所示。"波纹大小"选项决定生成波纹的大小。"波纹幅度"选项决定生成波纹的密度。调整后单击 确定 按钮，就会出现波纹效果，如图9-53所示。

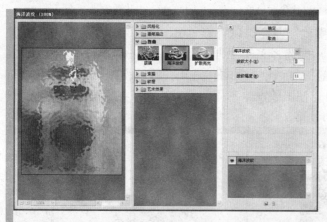

图9-52　海洋波纹对话框　　　　　　　　　　　　　　图9-53　海洋波纹效果

(3)玻璃。使用"玻璃"命令可以使图像像是透过不同类型的玻璃来观看。先选中一个位图图像，再选择菜单栏里的"滤镜"→"扭曲"→"玻璃"命令，弹出如图9-54所示的对话框。"扭曲度"选项决定图像的扭曲程度，数值越大扭曲就越强。"平滑度"选项决定图像的光滑程度。"纹理"选项里包括5个不同类型的选项，它们决定玻璃的纹理，选择不同的选项所产生的效果也不相同。"缩放"选项可以增强或减弱图像效果。调整后单击 确定 按钮，就会出现玻璃效果，如图9-55所示。

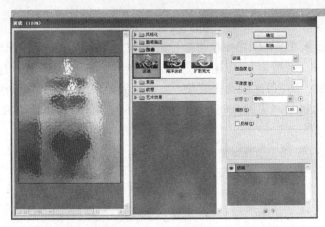

图 9-54　玻璃对话框

图 9-55　玻璃效果

6．模糊命令

(1)径向模糊。使用"径向模糊"命令可以模拟照相机对图像进行缩放或旋转而产生柔和模糊。先选中一个位图图像，再选择菜单栏里的"滤镜"→"模糊"→"径向模糊"命令，弹出"径向模糊"对话框，如图 9-56 所示。"数量"选项数值决定图像的模糊程度。可以在"模糊方法"选项组中选择旋转或缩放模糊方式。在"品质"选项组中可以选择模糊的品质，品质越差效果就越粗糙。用鼠标单击旋转模糊中心框中的图案来设定模糊原点。调整后单击 确定 按钮，效果如图 9-57 所示。

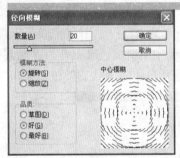

图 9-56　径向模糊对话框

图 9-57　径向模糊效果

(2)高斯模糊。使用"高斯模糊"命令可以调整对象的模糊程度，还将去掉高频出现的细节，并产生一种朦胧效果。先选中一个位图图像，再选择菜单栏里的"滤镜"→"模糊"→"高斯模糊"命令，弹出如图 9-58 所示的对话框。"半径"选项可以调整图像的模糊程度，数值越大模糊越强烈。调整好后单击 确定 按钮，图像就发生了变化，如图 9-59 所示。

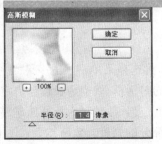

图 9-58　高斯模糊对话框

图 9-59　高斯模糊效果

7．画笔描边命令

（1）喷溅。使用"喷溅"命令可以在图像中模拟喷枪的效果。先选中一个位图图像，再选择菜单栏里的"滤镜"→"画笔描边"→"喷溅"命令，弹出如图9-60所示的对话框。"喷色半径"选项中的数值大小可以影响画面效果，数值越大效果越明显。"平滑度"选项用来决定图像的平滑程度，数值越大就越明显。调整后单击 确定 按钮，如图9-61所示。

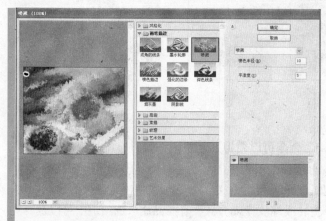

图9-60　喷溅对话框　　　　　　　　　　　　　　　　　图9-61　喷溅效果

（2）喷色描边。使用"喷色描边"命令可以使图像的主导色用喷溅的、成角的颜色线条重新绘制图像。先选中一个位图图像，再选择菜单栏里的"滤镜"→"画笔描边"→"喷色描边"命令，弹出如图9-62所示的对话框。"描边长度"选项可以决定图像中笔触的长度。"喷色半径"选项决定在图像中喷射颜色时溅开的程度大小。"描边方向"选项中可以调整图像中笔触的方向。调整后单击 确定 按钮，如图9-63所示。

图9-62　喷色描边对话框　　　　　　　　　　　　　　　图9-63　喷色描边效果

（3）墨水轮廓。使用"墨水轮廓"命令可以把图像按照钢笔画的风格用很细的线条来重新绘制。先选中一个位图图像，再选择菜单栏里的"滤镜"→"画笔描边"→"墨水轮廓"命令，弹出如图9-64所示的对话框。"描边长度"决定图像中线条的长度。"深色强度"选项决定图像中阴影部分的强度，数值越大，画面越暗，数值越小，线条越明显。"光照强度"选项决定图像中明亮部分的强度，数值越大，画面越亮，数值越小，线条越不明显。调整后单击 确定 按钮，如图9-65所示。

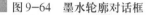

图9-64　墨水轮廓对话框　　　　　　　　　　　　　　　图9-65　墨水轮廓效果

　　(4)强化的边缘。使用"强化的边缘"命令可以强化图像边缘。先选中一个位图图像，再选择菜单栏里的"滤镜"→"画笔描边"→"强化的边缘"命令，弹出如图9-66所示的对话框。"边缘宽度"选项是设置画面边缘的宽度。"边缘亮度"选项可以设置画面边缘的亮度。"平滑度"选项可以设置画面边缘的平滑程度。调整后单击 确定 按钮，效果如图9-67所示。

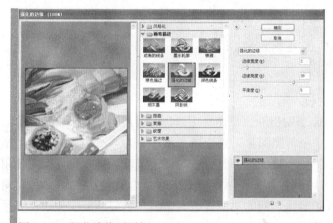

图9-66　强化边缘对话框　　　　　　　　　　　　　　　图9-67　强化边缘效果

　　(5)成角的线条。使用"成角的线条"命令可以以对角线方向的线条来重新绘制图像。它是以一个方向的线绘制图像的亮区，再用反方向的线绘制暗区。先选中一个位图图像，再选择菜单栏里的"滤镜"→"画笔描边"→"成角的线条"命令，弹出如图9-68所示的对话框。"方向平衡"选项决定生成线条的角度。"描边长度"选项决定生成线条的长度。"锐化角度"选项决定生成线条的清晰程度。调整后单击 确定 按钮，如图9-69所示。

　　(6)深色线条。使用"深色线条"命令可以用短线条绘制图像中的暗区，用长的白色线条绘制图像中的亮区。先选中一个位图图像，再选择菜单栏里的"滤镜"→"画笔描边"→"深色线条"命令，弹出如图9-70所示的对话框。"平衡"选项可以调整笔头的方向。"黑色强度"选项可以决定图像中黑线的显示强度，数值越大线条越明显。"白色强度"选项可以用来设置图像中白线的显示强度，数值越大线条越明显。调整后单击 确定 按钮，效果如图9-71所示。

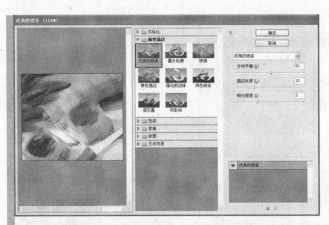

图 9-68　成角的线条对话框

图 9-69　成角线条效果

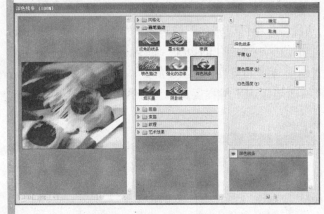

图 9-70　深色线条对话框

图 9-71　深色线条效果

(7)烟灰墨。使用"烟灰墨"命令做出的效果像是用黑色的湿画笔在宣纸上绘画，效果是发黑的柔软和模糊。先选中一个位图图像，再选择菜单栏里的"滤镜"→"画笔描边"→"烟灰墨"命令，弹出如图 9-72 所示的对话框。"描边宽度"选项可以设定使用笔头的宽度。"描边压力"选项可以调整笔头在画面中的压力，数值越大压力越大。"对比度"选项可以调整图像中亮区和暗区之间的对比度。调整后单击 确定 按钮，效果如图 9-73 所示。

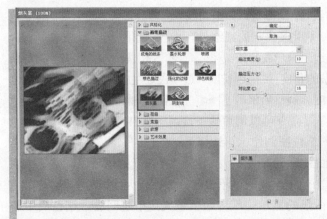

图 9-72　烟灰墨对话框

图 9-73　烟灰墨效果

（8）阴影线。使用"阴影线"命令可以保留原稿图像的细节，还使用模拟的铅笔阴影线添加纹理，最后能使图像中彩色区域的边缘变粗糙。先选中一个位图图像，再选择菜单栏里的"滤镜"→"画笔描边"→"阴影线"命令，弹出如图9-74所示的对话框。"描边长度"选项可以决定生成线条的长度。"锐化程度"选项可以调整生成线形的清晰度。"强度"选项可以调整图像中生成交叉线的数量和清晰度。调整后单击　确定　按钮，效果如图9-75所示。

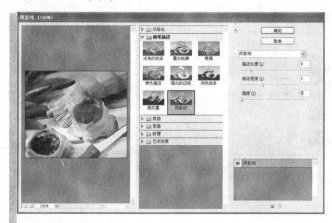

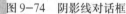

图9-74　阴影线对话框

图9-75　阴影线效果

要记住哟！画笔描边命令只能在RGB颜色模式文档中使用。

8．素描命令

（1）便条纸。使用"便条纸"命令可以使图像产生一种浮雕似的凹凸效果。先选中一个位图图像，再选择菜单栏里的"滤镜"→"素描"→"便条纸"命令，弹出如图9-76所示的对话框。"图像平衡"选项可以调整图像里亮面被灰色所覆盖的范围，数值越大覆盖越广。粒度选项：可以决定生成颗粒的大小。"凸现"选项可以调整图像里凸出部分的程度。调整后单击　确定　按钮，效果如图9-77所示。

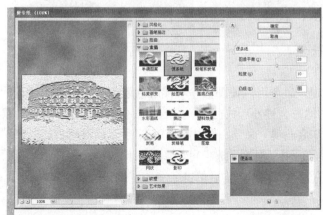

图9-76　便条纸对话框

图9-77　便条纸效果

(2)半调图案。使用"半调图案"命令可以在保持色调的同时，来模拟网屏的效果。先选中一个位图图像，再选择菜单栏里的"滤镜"→"素描"→"半调图案"命令，弹出如图9-78所示的对话框。"大小"选项可以决定网纹的大小，数值越大网纹越大。对比度选项：可以决定图像中网屏的黑白对比度，数值越大对比越强烈。"图案类型"选项里有3种类型，选择不同的类型，画面中产生的网纹形状也不一样。调整后单击 确定 按钮，效果如图9-79所示。

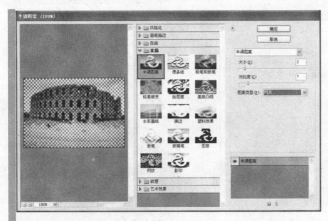

图9-78　半调图案对话框　　　　　　　　　图9-79　半调图案效果

(3)图章。使用"图章"命令可以使图像有一种印章的效果。先选中一个位图图像，再选择菜单栏里的"滤镜"→"素描"→"图章"命令，弹出如图9-80所示的对话框。"明/暗平衡"选项可以调整图像里黑白对比色的平衡，数值越大黑色越明显。"平滑度"选项可以决定生成图像的平滑程度。调整后单击 确定 按钮，如图9-81所示。

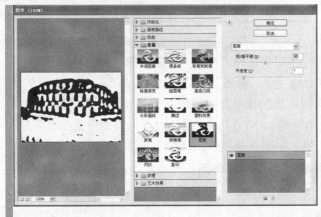

图9-80　图章对话框　　　　　　　　　　　图9-81　图章效果

(4)基底凸现。使用"基底凸现"命令可以使图像呈现浮雕的雕刻状表面，图像里的深色区域会被处理成黑色，较亮的地方会被处理成白色。先选中一个位图图像，再选择菜单栏里的"滤镜"→"素描"→"基底凸现"命令，弹出如图9-82所示的对话框。"细节"选项可以调整图像中明暗对比的强度。"平滑度"选项可以调整图像的平滑程度。"光照"选项可以在下拉菜单里选择所需的光照方向。调整后单击 确定 按钮，如图9-83所示。

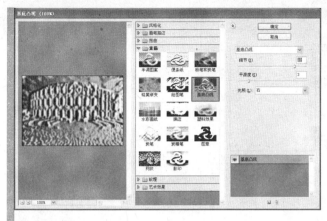

图9-82　基底凸现选项　　　　　　　　　　　　　　　图9-83　基底凸现效果

(5)塑料效果。使用"塑料效果"命令可以使图像有一种塑料材质的感觉。先选中一个位图图像，再选择菜单栏里的"滤镜"→"素描"→"塑料效果"命令，弹出如图9-84所示的对话框。"图像平衡"选项可以决定图像里颜色的分布范围。"平滑度"选项可以调整图像的平滑程度。"光照"选项可以在下拉菜单里选择所需的光照方向。调整后单击　确定　按钮，如图9-85所示。

图9-84　塑料效果对话框　　　　　　　　　　　　　　图9-85　塑料效果

(6)影印。使用"影印"命令可以模拟影印图像的效果，其中间色调以黑色或白色为主。先选中一个位图图像，再选择菜单栏里的"滤镜"→"素描"→"影印"命令，弹出如图9-86所示的对话框。"细节"选项可以调整图像里颜色的对比度。"暗度"选项可以调整图像里的明暗度。调整后单击　确定　按钮，效果如图9-87所示。

(7)撕边。使用"撕边"命令可以把图像做成粗糙的黑白撕碎纸片的效果。先选中一个位图图像，再选择菜单栏里的"滤镜"→"素描"→"撕边"命令，弹出如图9-88所示的对话框。"图像平衡"选项可以决定图像中黑色与白色的分布范围。"平滑度"选项可以决定生成图像的光滑程度。"对比度"选项可以调整图像中的明暗对比度。调整后单击　确定　按钮，如图9-89所示。

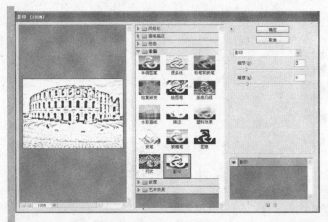

图9-86 影印对话框

图9-87 影印效果

图9-88 撕边对话框

图9-89 撕边效果

（8）水彩画纸。使用"水彩画纸"命令可以制作利用画笔在潮湿的纸上进行涂抹，并使颜色混合的效果。先选中一个位图图像，再选择菜单栏里的"滤镜"→"素描"→"水彩画纸"命令，弹出如图9-90所示的对话框。"纤维长度"选项可以决定图像的扩展程度，数值越大扩展越大。"亮度"选项可以决定图像的亮度。"对比度"选项可以调整图像的对比度。调整后单击按钮，如图9-91所示。

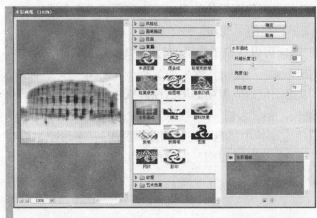

图9-90 水彩画纸对话框

图9-91 水彩画纸效果

(9)炭笔。使用"炭笔"命令可以重新把图像绘制成模拟使用炭笔绘制的效果。先选中一个位图图像，再选择菜单栏里的"滤镜"→"素描"→"炭笔"命令，弹出如图9-92所示的对话框。"炭笔粗细"选项可以决定笔触的宽度。"细节"选项可以调整画面里绘制的精细程度。"明暗平衡"选项可以对图像里黑白色的差异进行调整使其平衡。调整后单击　确定　按钮，如图9-93所示。

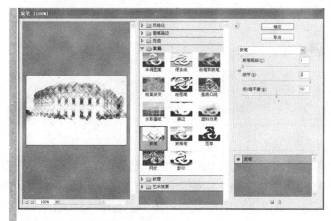

图9-92　炭笔对话框　　　　　　　　　图9-93　炭笔效果

(10)炭精笔。使用"炭精笔"命令可以模拟浓黑的炭笔纹理，在图像里暗区域使用黑色，亮区域使用白色。先选中一个位图图像，再选择菜单栏里的"滤镜"→"素描"→"炭精笔"命令，弹出如图9-94所示的对话框。"前景色阶"选项可以决定黑色的强度，数值越大强度越大。"背景色阶"选项可以决定白色的强度，数值越大强度越大。"纹理"选项里可以选择各种纹理，选择的纹理不一样效果也不一样。"缩放"选项可以决定纹理的缩放比例。"凸现"选项可以决定纹理的突出程度。"光照方向"选项可以决定使用光线照射的方向。调整后单击　确定　按钮，如图9-95所示。

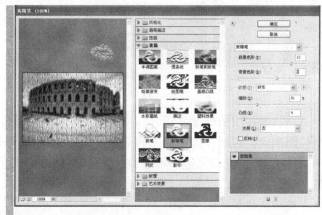

图9-94　炭精笔对话框　　　　　　　　图9-95　炭精笔效果

(11)粉笔和炭笔。使用"粉笔和炭笔"命令可以重新绘制图像，在图像里阴影区域使用炭笔绘制，白色区域使用粉笔绘制。先选中一个位图图像，再选择菜单栏里的"滤镜"→"素描"→"粉笔和炭笔"命令，弹出如图9-96所示的对话框。"炭笔区"选项可以决定炭笔绘画的数量和范围。"粉笔区"选项可以决定粉笔绘画的数量和范围。"描边压力"选项可以决定使用画笔对图像的压力强度，数值越大压力越大。调整后单击

确定 按钮，效果如图9-97所示。

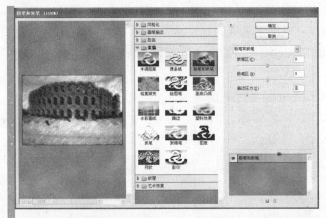

图9-96　粉笔和炭笔对话框

图9-97　粉笔和炭笔效果

　　(12)绘图笔。使用"绘图笔"命令可以模拟纤细的线性油墨线条绘制原图像。先选中一个位图图像，再选择菜单栏里的"滤镜"→"素描"→"绘图笔"命令，弹出如图9-98所示的对话框。"描边长度"选项可以决定图像中绘制线条的长度。"明暗平衡"选项可以决定明暗的平衡程度。"描边方向"选项可以在下拉菜单里选择一种描边方向对图像进行重绘。调整后单击 确定 按钮，效果如图9-99所示。

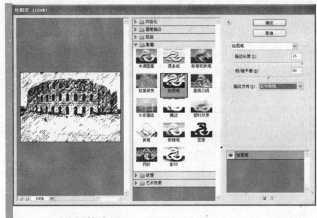

图9-98　绘图笔选项

图9-99　绘图笔效果

　　(13)网状。使用"网状"命令可以收缩和扭曲图像，还可以使暗调区呈现结块，高光区呈现轻微颗粒状。先选中一个位图图像，再选择菜单栏里的"滤镜"→"素描"→"网状"命令，弹出如图9-100所示的对话框。"浓度"选项可以调整网格中网眼的密度。"前景色阶"选项可以调整数值来决定黑色的强度。"背景色阶"选项可以调整数值来决定白色的强度。调整后单击 确定 按钮，效果如图9-101所示。

　　(14)铬黄。使用"铬黄"命令可以把原图像处理成像是铬黄表面一样。先选中一个位图图像，再选择菜单栏里的"滤镜"→"素描"→"铬黄"命令，弹出如图9-102所示的对话框。"细节"选项可以决定原图像的保留程度。"平滑度"选项可以决定生成图像的光滑程度。调整后单击 确定 按钮，效果如图9-103所示。

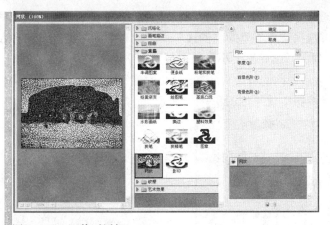

图9-100　网状对话框

图9-101　网状效果

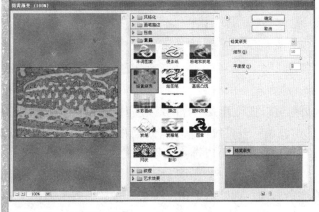

图9-102　铬黄对话框

图9-103　铬黄效果

9. 纹理命令

（1）拼缀图。使用"拼缀图"命令可以将图像分成许多填充的正方形。先选中一个位图图像，再选择菜单栏里的"滤镜"→"纹理"→"拼缀图"命令，弹出如图9-104所示的对话框。"方形大小"选项可以决定画面中方块的大小。"凸现"选项可以调整方块的凸现程度。调整后单击 确定 按钮，效果如图9-105所示。

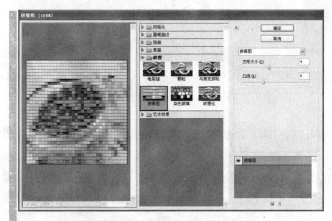

图9-104　拼缀图对话框

图9-105　拼缀图效果

(2)染色玻璃。使用"染色玻璃"命令可以把图像重绘成由许多单色的单元格组成的效果。先选中一个位图图像，再选择菜单栏里的"滤镜"→"纹理"→"染色玻璃"命令，弹出如图9-106所示的对话框。"单元格大小"选项可以决定生成每块玻璃的大小。"边框粗细"选项可以决定每块玻璃之间的缝隙大小。"光照强度"选项可以调整图像受光的强度。调整后单击 确定 按钮，效果如图9-107所示。

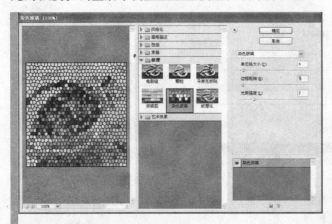

图9-106　染色玻璃对话框　　　　　　　　　　图9-107　染色玻璃效果

(3)纹理化。使用"纹理化"命令可以把设计或选择的纹理应用到图像里去。先选中一个位图图像，再选择菜单栏里的"滤镜"→"纹理"→"纹理化"命令，弹出如图9-108所示的对话框。"纹理"选项在下拉菜单里可以选择纹理样式对图像进行填充。"凸现"选项可以调整添加纹理的凹凸程度。"缩放"选项可以调整图像里添加纹理的缩放比例。"光照"选项可以调整光线的照射方向。调整后单击 确定 按钮，效果如图9-109所示。

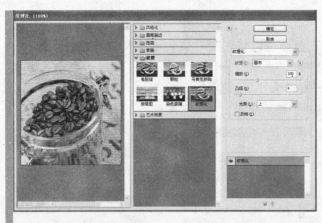

图9-108　纹理化对话框　　　　　　　　　　图9-109　纹理化效果

(4)颗粒。使用"颗粒"命令可以在图像里添加不同的颗粒纹理。先选中一个位图图像，再选择菜单栏里的"滤镜"→"纹理"→"颗粒"命令，弹出如图9-110所示的对话框。"强度"选项可以决定图像里添加纹理的数量和强度。"对比度"选项可以调整图像里颗粒的明暗对比度，数值越大对比越强。"颗粒类型"选项可以选择任意颗粒类型，选择不同的类型产生的效果也不一样。调整后单击 确定 按钮，效果如图9-111所示。

图9-110 颗粒对话框

图9-111 颗粒效果

（5）马赛克拼贴。使用"马赛克拼贴"命令可以让图像看起来是由细小的碎片拼贴组成。先选中一个位图图像，再选择菜单栏里的"滤镜"→"纹理"→"马赛克拼贴"命令，弹出如图9-112所示的对话框。"拼贴大小"选项可以调整图像中生成块状的大小。"缝隙宽度"选项可以调整块状之间的宽度。"加亮缝隙"选项可以调整块状之间的缝隙亮度。调整后单击 确定 按钮，效果如图9-113所示。

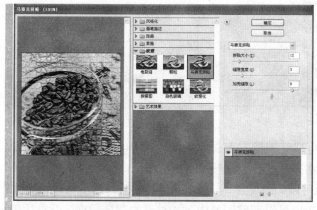

图9-112 马赛克拼贴对话框

图9-113 马赛克拼贴效果

（6）龟裂缝。使用"龟裂缝"命令可以把图像绘制在一个凸现的表面上，然后在图像上生成网状的裂缝。先选中一个位图图像，再选择菜单栏里的"滤镜"→"纹理"→"龟裂缝"命令，弹出如图9-114所示的对话框。"裂缝间距"选项可以调整生成裂纹的大小。"裂缝深度"选项可以调整生成裂纹之间的裂缝深度。"裂缝亮度"选项可以决定裂缝的亮度。调整后单击 确定 按钮，效果如图9-115所示。

10. 艺术效果命令

（1）塑料包装。使用"塑料包装"命令可以给图像添加一层亮的塑料效果来增加表面细节。先选中一个位图图像，再选择菜单栏里的"滤镜"→"艺术效果"→"塑料包装"命令，弹出如图9-116所示的对话框。"高光强度"选项可以决定生成高光区域的亮度。"细节"选项可以决定生成高光区域的多少。"平滑度"选项可以调整生成高光区域的光滑程度。调整后单击 确定 按钮，效果如图9-117所示。

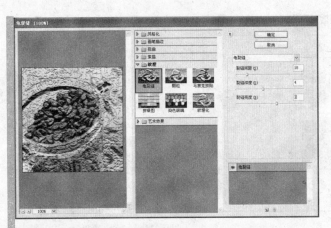

图 9-114　龟裂缝对话框

图 9-115　龟裂缝效果

图 9-116　塑料包装对话框

图 9-117　塑料包装效果

(2)壁画。使用"壁画"命令可以让图像看上去像是在墙壁上画的画。先选中一个位图图像，再选择菜单栏里的"滤镜"→"艺术效果"→"壁画"命令，弹出如图 9-118 所示的对话框。"画笔大小"选项可以调整笔触的大小。"画笔细节"选项可以调整原图像在画面里的保留程度。"纹理"选项可以调整图像中添加纹理的明显程度。调整后单击 ▭确定 按钮，效果如图 9-119 所示。

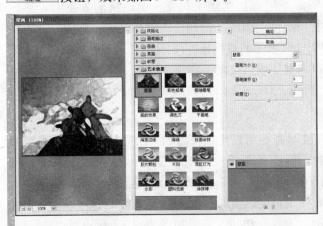

图 9-118　壁画对话框

图 9-119　壁画效果

（3）干画笔。使用"干画笔"命令可以模拟干画笔的技巧绘制图像的边缘。先选中一个位图图像，再选择菜单栏里的"滤镜"→"艺术效果"→"干画笔"命令，弹出如图9-120所示的对话框。"画笔大小"选项可以调整笔触的大小。"画笔细节"选项可以调整原图像在画面里的保留程度。"纹理"选项可以调整图像中添加纹理的明显程度。调整后单击 确定 按钮，效果如图9-121所示。

图9-120 干画笔对话框　　　　　　　　　图9-121 干画笔效果

（4）底纹效果。使用"底纹效果"命令可以把各种纹理效果应用到图像中去，还可以在带纹理的背景上绘制图像。先选中一个位图图像，再选择菜单栏里的"滤镜"→"艺术效果"→"底纹效果"命令，弹出如图9-122所示的对话框。"画笔大小"选项可以调整笔触大小。"纹理覆盖"选项可以调整图像中使用纹理的覆盖范围。"纹理"选项可以在下拉菜单里任意选择一种纹理添加到图像里。"缩放"选项可以调整位图的效果。"凸现"选项可以调整纹理的深度。"光照"选项可以调整光照的方向。调整后单击 确定 按钮，效果如图9-123所示。

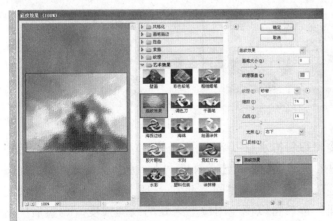

图9-122 底纹效果对话框　　　　　　　　图9-123 底纹效果

（5）彩色铅笔。使用"彩色铅笔"命令可以模拟彩色铅笔的用法在纯色的背景上绘制图像，还会保留重要边缘，外观有粗糙的阴影线。先选中一个位图图像，再选择菜单栏里的"滤镜"→"艺术效果"→"彩色铅笔"命令，弹出如图9-124所示的对话框。"铅笔宽度"选项可以调整使用铅笔的宽度大小。"描边压力"选项可以调整绘制图像时画笔的压力。"纸张亮度"选项可以调整纸张的亮度，数值越大纸张越白。调整后单击

＿＿确定＿＿按钮，效果如图9-125所示。

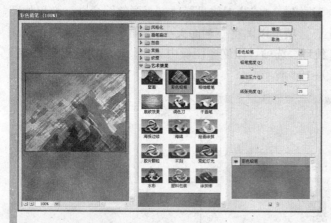

图9-124 彩色铅笔对话框

图9-125 彩色铅笔效果

（6）木刻。使用"木刻"命令可以将图像重绘成剪影状的效果。先选中一个位图图像，再选择菜单栏里的"滤镜"→"艺术效果"→"木刻"命令，弹出如图9-126所示的对话框。"色阶数"选项可以调整图像中层次的多少，数值越大层次越丰富。"边缘简化度"选项用来决定图像边角的简化程度，数值越小生成的图像越接近原图像。"边缘逼真度"选项可以调整生成图像与原图像的相似程度。调整后单击＿＿确定＿＿按钮，效果如图9-127所示。

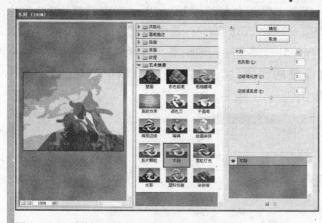

图9-126 木刻对话框

图9-127 木刻效果

（7）水彩。使用"水彩"命令可以模拟水彩风格来重绘图像和简化图像细节。先选中一个位图图像，再选择菜单栏里的"滤镜"→"艺术效果"→"水彩"命令，弹出如图9-128所示的对话框。"画笔细节"选项可以调整画笔细节。"阴影强度"选项用来决定图像中阴影区域的强度。"纹理"选项可以调整图像里缘处的纹理强度。调整后单击＿＿确定＿＿按钮，如图9-129所示。

（8）海报边缘。使用"海报边缘"命令可以把图像根据海报的效果来减少颜色的数目，然后在图像里查找边缘，并在边缘上绘制出黑色的线条。先选中一个位图图像，再选择菜单栏里的"滤镜"→"艺术效果"→"海报边缘"命令，弹出如图9-130所示的对话框。"边缘厚度"选项用来决定绘制图像的轮廓宽度。"边缘强度"选项用来决定绘制图像的轮廓强度。"海报化"选项可以设置图像中颜色数目的多少。调整后单击 ▢ 确定 ▢ 按钮，如图9-131所示。

图9-128 水彩对话框

图9-129 水彩效果

图9-130 海报边缘对话框

图9-131 海报边缘效果

（9）海绵。使用"海绵"命令可以把图像重绘成好像是用海绵绘制的一样。先选中一个位图图像，再选择菜单栏里的"滤镜"→"艺术效果"→"海绵"命令，弹出如图9-132所示的对话框。"画笔大小"选项可以调整图像中颜色色块的大小，数值越大色块越大。"清晰度"选项可以调整数值来决定图像的变化，数值越大绘制出的图像变化越大。"平滑度"选项可以调整图像中颜色过渡时的柔和程度，数值越大颜色就越柔和。调整后单击 ▢ 确定 ▢ 按钮，如图9-133所示。

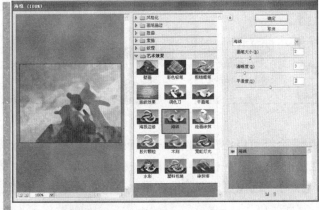

图9-132 海绵对话框

图9-133 海绵效果

(10)涂抹棒。使用"涂抹棒"命令可以对图像使用短斜线描边涂抹以柔化图像，还会使图像里亮区变得更亮。先选中一个位图图像，再选择菜单栏里的"滤镜"→"艺术效果"→"涂抹棒"命令，弹出如图9-134所示的对话框。"描边长度"选项可以调整线条的长度，数值越大线条越长。"高光区域"选项可以调整高光区域的涂抹范围，数值越大范围越大。"强度选项"可以调整整体涂抹强度的大小。调整后单击 确定 按钮，如图9-135所示。

图9-134　涂抹棒对话框

图9-135　涂抹棒效果

(11)粗糙蜡笔。使用"粗糙蜡笔"命令可以使图像看上去好像是由彩色蜡笔在带纹理的纸上绘制出的。先选中一个位图图像，再选择菜单栏里的"滤镜"→"艺术效果"→"粗糙蜡笔"命令，弹出如图9-136所示的对话框。"描边长度"选项可以调整线条的长度，数值越大线条越长。"描边细节"选项可以调整画笔的细腻程度，数值越小画笔越细腻。"纹理"选项可以在下拉菜单里任意选择一种纹理添加到图像里。"缩放"选项可以调整位图的效果。"凸现"选项可以调整纹理的深度。"光照"选项可以调整光照的方向。调整后单击 确定 按钮，效果如图9-137所示。

图9-136　粗糙画笔对话框

图9-137　粗糙画笔效果

(12)绘画涂抹。使用"绘画涂抹"命令可以把图像按照各种画笔样式来进行重绘。先选中一个位图图像，再选择菜单栏里的"滤镜"→"艺术效果"→"绘画涂抹"命令，弹出如图9-138所示的对话框。"画笔大小"选项可以调整图像里画笔覆盖的大小，数值越大覆盖的越大。"锐化程度"选项可以调整图像的锐化程度，数值越大锐化程度越大。"画笔类型"选项可以选择下拉菜单里任意一种画笔类型进行绘制，不同的画笔类型绘制出的效果也不一样。调整后单击 确定 按钮，效果如图9-139所示。

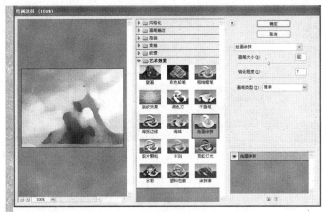

图9-138　绘画涂抹对话框

图9-139　绘画涂抹效果

　　(13)胶片颗粒。使用"胶片颗粒"命令会在图像里添加许多饱和度的颗粒来改变图像效果。先选中一个位图图像，再选择菜单栏里的"滤镜"→"艺术效果"→"胶片颗粒"命令，弹出如图9-140所示的对话框。"颗粒"选项可以调整添加的颗粒大小，数值越大颗粒越明显。"高光区域"选项可以调整高光区域的多少。"强度"选项可以调整图像的明暗程度。调整后单击 确定 按钮，效果如图9-141所示。

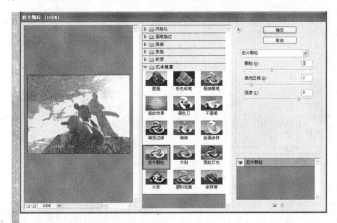

图9-140　胶片颗粒对话框

图9-141　胶片颗粒效果

　　(14)调色刀。使用"调色刀"命令可以把图像重新绘制成淡淡的画布效果。先选中一个位图图像，再选择菜单栏里的"滤镜"→"艺术效果"→"调色刀"命令，弹出如图9-142所示的对话框。"描边大小"选项可以调整调色刀的笔触大小。"描边细节"选项可以调整调色刀绘制色块的多少，数值越大色块越小。"软化度"选项可以调整图像边缘的柔化程度。调整后单击 确定 按钮，效果如图9-143所示。

图 9-142　调色刀对话框　　　　　　　　　　　图 9-143　调色刀效果

(15)霓虹灯光。使用"霓虹灯光"命令可以在图像中添加各种不同类型的灯光效果。在选中一个位图图像，再选择菜单栏里的"滤镜"→"艺术效果"→"霓虹灯光"弹出如图 9-144 所示的对话框。"发光大小"选项可以调整灯光覆盖的范围。"发光亮度"选项可以调整环境的亮度。"发光颜色"选项可以调整发光的颜色。调整后单击 ▭ 确定 按钮，如图 9-145 所示。

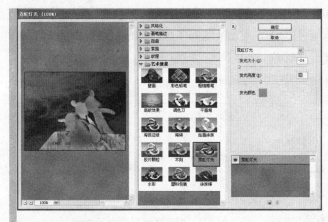

图 9-144　霓虹灯光对话框　　　　　　　　　　图 9-145　霓虹灯光效果

11. 锐化命令

使用"USM 锐化"命令可以把图像中颜色发生明显变化的区域查找出来，再把它进行锐化，在图像的边缘处产生较亮和较暗的线各一条。在选中一个位图图像，再选择菜单栏里的"滤镜"→"锐化"→"USM 锐化"命令，弹出如图 9-146 所示的对话框。"数量"选项决定了锐化的强度，数值越大图像的效果越明显。"半径"选项可以调整边缘两边的受影响大小。"阈值"选项可以调整图像中锐化的程度和周围相差多少。调整后单击 ▭ 确定 按钮，效果如图 9-147 所示。

图 9-146 USM 锐化对话框

图 9-147 USM 锐化效果

9.3.3 关于效果

前面我们了解了关于滤镜的相关知识，其实在 Illustrator CS3 里滤镜和效果大部分的命令是一样的，唯一不同的是滤镜的下层菜单只应用到位图图像，而效果的所有命令都可以应用到矢量图像上。"效果"菜单，如图 9-148 所示。下面我们一起来学习效果的相关知识吧！

前面讲过了滤镜的特点，现在我们来讲效果的特点。向对象应用一个效果命令，然后可以使用"外观"面板随时修改效果选项或删除该效果。这是和滤镜最大的不同点哟！一旦向对象应用了某种效果，在"外观"面板中便会列出该效果，从而可以对该效果进行编辑、移动、复制、删除，或将其存储为图形样式的一部分。

图 9-148 效果菜单

选择"窗口"→"外观"命令，或者按下 Shift+F6 组合键，打开"外观"面板。在"外观"面板中可以查看和调整对象、组或图层的外观属性。外观属性包括填色、描边、透明度和效果。其中各种效果按其在图稿中的应用顺序从上到下排列。

效果菜单的上层命令（3D、SVG 滤镜、变形、扭曲和变换、栅格化、路径、路径查找器、转换为形状和风格化）都可以应用到矢量图像上，如图 9-149 所示。

当然这些效果大部分也可以用到位图中去。而菜单下层的选项命令都可对位图和矢量图产生作用，这一点就和滤镜不同，如图 9-150 所示。

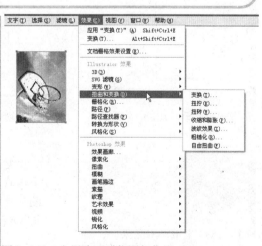

图 9-149 上层选项对位图起作用

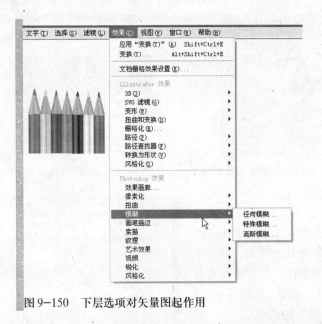

图 9-150　下层选项对矢量图起作用

9.3.4　"SVG 滤镜"效果组

使用"SVG 滤镜"效果组可以给矢量图像套用各种的"SVG"滤镜效果。先绘制一个矢量图像并选中，再选择菜单栏里的"效果"→"SVG 滤镜"命令，在下拉菜单就会出现许多的滤镜效果，如图 9-151 所示。单击"应用 SVG 滤镜"命令，会弹出如图 9-152 所示的对话框。

图 9-151"SVG 滤镜"效果菜单

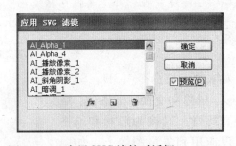

图 9-152　应用 SVG 滤镜对话框

在对话框里有许多的效果，随意选择一个然后单击　确定　按钮，此效果就会套用在图形上，如图 9-153 所示。还可以直接在"SVG 滤镜"子菜单里进行选择来添加。

图 9-153　套用 SVG 效果

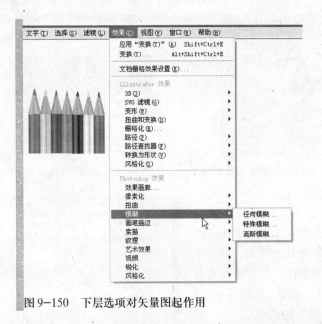

9.3.5 "3D"效果组

3D简单地说就是立体的图像。在效果命令里"3D"效果可以将开放或封闭的路径，以及位图等转换成可以打光、旋转和投影的3D对象。创建3D效果的方法有3种，下面我们就来依次学一下吧！

1.凸出和斜角

先在绘图区里随意绘制一个图形并选中，再选择菜单栏里的"效果"→"3D"→"凸出和斜角"命令，弹出如图9-154所示的对话框。"凸出厚度"可以调整对象的厚度。"端点"可以选择后面的图形来决定生成的对象是实心的还是空心的。"表面"可以选择任意一种表面的纹理。"底纹颜色"选项可以调整生成图像的底纹颜色。把相关的选项都调整好后，单击 确定 按钮，原来平面的图形就会变成3D效果了，如图9-155所示。

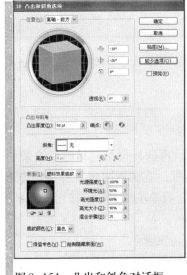

图9-154 凸出和斜角对话框

图9-155 凸出和斜角效果

在对话框里旋转图形时，我们可以使用鼠标拖拉里面的方形，来调整它突出的方向。如果想精确地调整也可以在旁边输入数值来旋转。

2.绕转

绕转命令和其他3D命令稍微有所不同，它可以绕y轴旋转一条路径或剖面，使其作圆周运动。所以用来创建的对象最好是所需3D对象正前方垂直剖面的一半。我们先在绘图区里绘制一条所需的路径，再选择菜单栏里的"效果"→"3D"→"绕转"命令，弹出如图9-156所示的对话框。在对话框里设置完参数后单击 确定 按钮就会出现绕转效果，如图9-157所示。

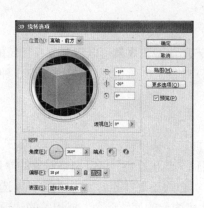

图9-156 绕转对话框

图9-157 绕转效果

> 该对话框里的选项与"凸出和斜角"的选项是一样的，参照前面的设置就可以了。

3. 旋转

先绘制一个矢量图形并选中，再选择菜单栏里的"效果"→"3D"→"旋转"命令，弹出如图9-158所示的对话框。在圆圈里用鼠标拖动方形或在旁边输入数值来决定图形的透视方向和角度，调整好后单击 确定 按钮就会出现旋转效果，如图9-159所示。

图9-158 旋转对话框

图9-159 旋转效果

9.3.6 "风格化"效果组

大家是不是发现效果"风格化"菜单的有些命令和滤镜"风格化"菜单是一样的？呵呵，虽然命令是一样的，可是它们应用的图像是不一样的。例如"效果"菜单里的"风格化"命令对矢量和位图都起作用。现在让我们来看看图像应用了这些命令后都会发生什么样的变化吧！

1. 内发光

先在画面里选中一个图像，再选择菜单栏里的"效果"→"风格化"→"内发光"命令，弹出"内发光"对话框，如图9-160所示。"模式"下拉列表中可以调整发光的混合模式。"不透明度"选项可以调整图像里发光的透明度程度。"模糊"可以调整选区中心或边缘的模糊距离。选中"中心"单选按钮可以使图像中心向外扩散发光,"边缘"单选按钮则使图像内部边缘向外扩散发光。调整后单击 确定 按钮,如图9-161所示。

图9-160 内发光对话框

图9-161 内发光效果

2. 外发光

先在画面里选中一个图像,再选择菜单栏里的"效果"→"风格化"→"外发光"命令,弹出如图9-162所示的对话框。按照内发光的选项说明调整完后单击 确定 按钮,图形的发光类型就会发生改变,如图9-163所示。

图9-162 外发光对话框

图9-163 外发光效果

3. 涂抹

先在画面里选中一个图像,再选择菜单栏里的"效果"→"风格化"→"涂抹"命令,弹出"涂抹选项"对话框,如图9-164所示。在"设置"下拉列表里可以选择任意一种涂抹方式。"角度"选项可以调整涂抹的方向。"线条选项"组中可以调整涂抹的宽度、弯曲度和间距等。调整后单击 确定 按钮,效果如图9-165所示。

图9-164 涂抹选项对话框

图9-165 涂抹效果

4. 羽化

先在画面里选中一个图像,再选择菜单栏里的"效果"→"风格化"→"羽化"命令,弹出"羽化"对话框,如图9-166所示。在选项里输入数值后单击 确定 按钮,图像就被羽化了,如图9-167所示。

图9-166 羽化对话框　　　　　　　　图9-167　羽化效果

此效果组的命令只能在RGB颜色模式文档中使用。如果你使用的是CMYK模式的话，可要注意一下啦！

9.3.7　其他效果组

效果菜单里的命令基本和滤镜菜单的命令是一样的，相同的命令我们就不再罗嗦了。现在主要来讲一下其他不同的效果组。

1. 变形命令

"变形"命令可以作用于矢量图和位图，使用的方法也很简单，先选中任意一个图像，再选择菜单栏里的"效果"→"变形"命令，选择其中一个效果，会弹出相应如图9-168所示的对话框。可以在"样式"下拉列表里选择任意变形的效果。"水平"或"垂直"单选钮可以决定图形是以什么角度变形的。"弯曲"选项可以决定图形弯曲的幅度。"扭曲"选项组可以调整图形扭曲的方向。调整后单击 确定 按钮，效果如图9-169所示。

图9-168　变形选项对话框　　　　　　图9-169　变形效果

2. 变换命令

效果菜单里的"扭曲和变换"命令与滤镜里的命令是一样的，但是这个效果组里比滤镜多了一个"变换"命令，我们来看一下这个命令会对图像起到什么作用。先选中一个图像，再选择菜单栏里的"效果"→"扭曲和变换"→"变换"命令，弹出如图9-170所示的对话框。"缩放"选项组可以调整图形大小。"移动"选项组可以调整图形的位置。"旋转"选项可以调整图形的旋转角度。调整后单击 确定 按钮，如图9-171所示。

图9-170　变换效果对话框

图9-171　变换效果

3．栅格化命令

"栅格化命令"可以将矢量图形转化为位图图像。选择菜单栏里的"效果"→"栅格化"命令，弹出"栅格化"对话框，如图9-172所示。从中可以设置最终图像的颜色模式、分辨率、背景效果等，如图9-173所示的是矢量图形和转换为位图后的效果对比。

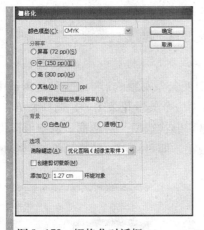

图9-172　栅格化对话框

图9-173　栅格化效果

"SVG滤镜"、"效果"菜单下部区域的所有效果，以及"效果"→"风格化"子菜单中的"投影"、"内发光"、"外发光"和"羽化"命令都可以进行栅格化效果。

　　还可以选择"对象"→"栅格化"命令将矢量图像转换为位图图像。它和"效果"→"栅格化"命令有什么区别呢？这就考虑到效果命令的特点了，可以随时修改效果选项或删除该效果，比"对象"→"栅格化"命令更加灵活一些。

4．路径效果组

"效果"→"路径"子菜单中提供的命令，如图9-174所示。这些命令可以将选中的对象路径相对于对象的原始位置进行偏移、将文字转化为同其他图形对象那样可进行编辑和操作的一组复合路径、将所选对象的描边更改为与原始描边相同粗细的填色对象。

图9-174　路径效果组菜单

5. 路径查找器效果组

路径查找器效果可以从重叠对象中创建新的形状。通过使用"路径查找器"效果组菜单或"路径查找器"面板来应用路径查找器效果。

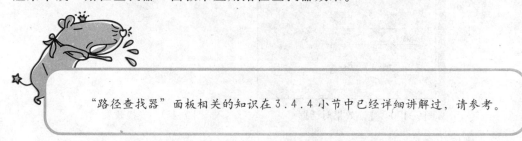

"路径查找器"面板相关的知识在3.4.4小节中已经详细讲解过，请参考。

"效果"→"路径查找器"子菜单中的命令，如图9-175所示，仅可应用于组、图层和文本对象。应用效果后，仍可以选择和编辑原始对象。也可以使用"外观"面板来修改或删除效果。

"路径查找器"面板中的路径查找器效果可应用于任何对象、组和图层的组合。在单击面板中的按钮时即创建了最终的形状组合；之后不能够再编辑原始对象。如果这种效果产生了多个对象，这些对象会被自动编组到一起。

6. 转换为形状效果组

"转换为形状"效果组中的命令可以改变矢量对象的形状。也就是将选中的矢量对象转换为矩形、圆角矩形或椭圆。例如，选中一个矢量花朵图形，选择菜单栏里的"效果"→"转换为形状"→"椭圆"命令，弹出"形状选项"对话框，从中可以设置形状绝对尺寸或相对尺寸，调整后单击 确定 按钮，即可将对象转换为椭圆形状，如图9-176所示。

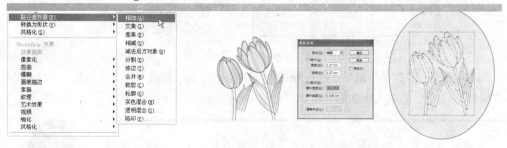

图9-175 路径查找器效果组　　　　图9-176 转换为椭圆形状效果

9.3.8 编辑图形样式

图形样式的应用为制作特殊效果提供了极为方便的服务。我们可以在绘制完的图形上直接套用样式，也可以把绘制好的图像中需要套用的地方框选下来进行套用。接下来就一起来了解一下图形样式的应用和编辑。

1. 图形样式面板

图9-177 图形样式面板

选择菜单栏里的"窗口"→"图形样式"命令，就会弹出一个"图形样式"面板，如图9-177所示。在面板的下方有四个按钮，分别是"图形样式库菜单"、"断开图形样式连接"、"新建图形样式"和"删除图形样式"。接下来我们就一一讲解这些按钮的用法。

> 　　除了可以通过菜单栏打开样式面板，我们还可以通过快捷键Shift+F5来打开图形样式面板。呵呵，有了这个快捷键是不是方便了很多呀？

2．图形样式库菜单

打开图形样式面板后可以看到面板里的样式很少，并且满足不了我们的需要。这时就可以单击下面的"图形样式库菜单"按钮，单击后会弹出下拉菜单，如图9-178所示。选择其中一个样式组，用鼠标单击里面的图形样式，此图形样式就会自动添加到面板里，如图9-179所示。

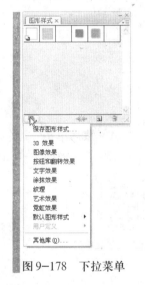

图9-178　下拉菜单

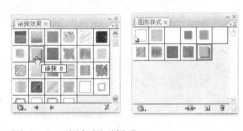

图9-179　添加图形样式

3．断开图形样式连接

套用完图形样式的图像，我们在单击它的同时，面板里也会显示它套用的样式选项。如果我们想断开这种连接的话，就先选中套用完样式的图像，再单击面板里的"断开图形样式连接"按钮，这时再选中图像的话，面板里就不会再显示应用的图形样式了，如图9-180所示。

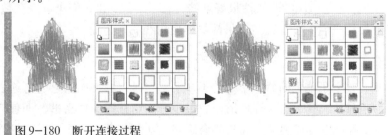

图9-180　断开连接过程

说到这个断开连接，大家是不是想到了画笔面板里的断开连接呀。其实它们的大体意思是一样的，只不过画笔断开连接后可以对它进行单独的图像编辑，而图形样式只是把它们的关联给断开了。

4. 新建图形样式

面板里没有适合的样式的话，我们可以自己来制作需要的图形样式。先在绘图区里绘制一个要添加的图形，选中该图形，利用上面讲的效果命令，给它随意添加一个效果，再单击样式面板下方的"新建图形样式"按钮，这个图形样式就添加到面板里了，如图9-181所示。

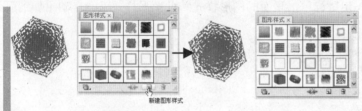

图9-181　新建图形样式

5. 删除图形样式

如果想删除面板里的样式，只需要选择要删除的样式，然后单击"删除图形样式"按钮，在弹出的对话框里单击 是(Y) 按钮，该样式就被删除了，如图9-182所示。

图9-182　删除图形过程

9.4　基础应用

样式、滤镜和效果通常会给画面带来意想不到的效果，还可以完成极为复杂的艺术效果。它与位图编辑软件很好地结合在了一起，让我们也可以在适当的软件里编辑位图。下面让我们来看看这些效果都具体应用在哪些方面。

9.4.1　随心所欲地应用效果

效果菜单里的命令学得差不多了，可是怎样按照自己的意愿去应用呢？其实效果的应用只是起到一点装饰作用，它很少会应用在设计作品里，即使应用也是少数。例如制作个性的图片或另类的效果时会用到。我们打开一幅之前做好的作品，如果想把它做成有玻璃罩着的效果，就可以使用菜单栏里的"效果"中的"玻璃"命令，如图9-183所示。如果在上面添加马赛克效果的话，只需再选择"效果"中的"马赛克拼缀"命令就可以了，如图9-184所示。这一章学的效果很多，应用的范围和方法也相同，大家要学会举一反三哦！

图9-183　应用玻璃效果　　　　　图9-184　添加马赛克效果

9.4.2　给图像套用样式

我们之前学过，图像样式不但可以在绘制图形的时候应用，它还可以把绘制好的图像选出来再套用样式。先选中一副图像，把要添加样式的叶子部分选出来，如图9-185所示。然后单击一种图形样式来套用。这时就会发现此时的叶子像是绣在画布上一样，如图9-186所示。

图9-185　选出花瓣部分　　　　　图9-186　应用图形样式

给图像添加样式的时候，要记住图像一定要是矢量图，因为只有矢量图才能框选出要添加样式的部分。对于位图只能全部添加而不能局部添加。

9.5　案例表现——艺术照片

看见影楼里那些美轮美奂的艺术照，是不是很心动呀？是不是也想把自己的照片"收拾"一下呢？下面我们就利用这章学到的知识来达到如图9-187所示的这种艺术效果吧！

01 导入位图照片。选菜单栏里的"文件"→"打开"命令，选中一张要处理的图片然后单击 打开 按钮，就会把图片导入到Illustrator CS3里，如图9-188所示。

图9-187 艺术照片

图9-188 导入的位图图片

图9-189 高斯模糊对话框

02 添加模糊效果。先选中打开的图片，再选择菜单栏里的"效果"→"模糊"→"高斯模糊"命令，在弹出的"高斯模糊"对话框里把"半径"调整成1.0像素，如图9-189所示。单击 确定 按钮后就会出现模糊效果，如图9-190所示。

03 添加半调图案效果。添加完模糊我们来进行下一步，给照片添加好看的效果。选中图片然后选择菜单栏里的"效果"→"素描"→"半调图案"命令，在弹出的"半调图案"对话框里把"大小"调成1，"对比度"调成8，"图案类型"调成网点。如图9-191所示。调整好后单击 确定 按钮，图像就会变成黑白有网点的效果，如图9-192所示。

图9-190 模糊效果

制作艺术照片的效果有很多，今天我们只学习其中一个，大家也可以按照自己的喜好来制作不一样的效果，当然方法是多种多样的，只要大家开动想象就一定能做出自己满意的艺术照。

图9-191 半调图案对话框

图9-192 半调图案效果

04 添加边框画笔。选择工具栏里的"矩形工具" ，在绘图区里的图像上绘制一个矩形，如图9-193所示。选中这个矩形然后按下F5键打开画笔面板，在画笔面板里单击选择一个边框画笔，这样矩形就会自动套用这个边框画笔，如图9-194所示。

图9-193　绘制矩形

图9-194　边框画笔效果

05 添加投影。全选中图片，选择菜单栏里"效果"→"风格化"→"投影"命令，在弹出的"投影"对话框里把"不透明度"调成38、"模糊"调成1，如图9-195所示。

图9-195　投影对话框

图9-196　投影效果

单击 确定 按钮后就会出现如图9-196所示的效果。绘制到这里，艺术照片基本就完成了。

9.6　疑难及常见问题

到现在为止这章的知识学得差不多了，大家一定也积攒了很多疑问吧，不要着急，下面我们就一起来解决这些问题。

1.如何使用智能辅助线

在制作效果的时候通常要辅助线来帮忙，可是大家会不会觉得有时辅助线并不是很听话呢？在Illustrator CS3里有一个智能辅助线工具，它比普通的辅助线更好用。选择菜单栏里的"编辑"→"首选项"→"智能参考线和切片"命令，弹出"首选项"对话框，如图9-197所示。在对话框里可以选择和设置自己想要的辅助线功能，设置好后单击 确定 按钮。这时再在绘图区里添加辅助线并拖动，辅助线上就会出现相对应的原点和路径，这样就对我们绘图提供了方便。

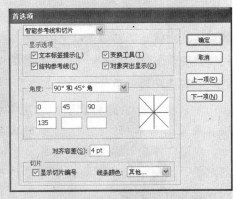

图9-197　智能辅助线对话框

想快速启用智能参考线还有一个好办法，就是使用快捷键Ctrl+U，这时智能参考线就启动了。

2.如何把变形效果应用到任何对象

变形效果可以作用的对象有文本、网格、路径、栅格图像和混合等。变形的效果有很多，例如弧形、拱形、凸出、鱼眼等。想应用这些效果时只需要选中图形，再选择菜单栏里的"效果"→"变形"子菜单下的任何一个命令，就会弹出对话框，在对话框里选择想要的形状后单击 确定 按钮，如图9-198所示。对应其他的对象，使用方法都是一样的。

图9-198　应用变形效果

3.在3D效果中使用什么颜色产生的效果最好

在制作3D效果时，为对象选取单色填充会得到最好的效果。虽然单色有时达不到我们的制作要求，但是渐变和图案填充更不会有可信赖的结果。所以相比而言，还是单色填充更值得信赖。

4.如何得到最佳的3D效果

想得到好的3D效果，首先要从绘制图形开始，图形绘制的好坏直接影响最终产生的效果；其次就是调整对话框里的数值和选项，不同的图像效果要对应不同的选项调整；最后就是产生的3D效果一定要本着美观且能被大众所接受的宗旨来设计和制作。

5.滤镜和效果有什么差别

大家也知道滤镜和效果中有很多命令是一样的吧，虽然命令是一样的，可是滤镜和效果会有不同的结果。就像效果命令，是动态的就表示该图像可以应用效果命令，使用"外观"调板在任何时候都可以修改效果或移除效果。而滤镜则会改变基础对象，该图像应用了滤镜后不能修改或移除，但有一个好处就是，我们可以修改滤镜建立好的新锚点。下面我们就来做个试验，先使用"波纹效果"滤镜来对方形进行变形，它会沿着修改的路径建立新锚点。如图9-199所示。再使用"波纹效果"效果对方形进行变形，它就会保留原来的锚点和路径，如图9-200所示。

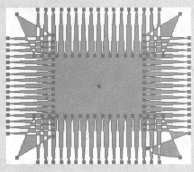
图9-199　运用滤镜后的效果

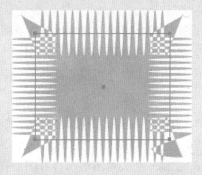
图9-200　运用效果后的结果

6.怎样更好地应用样式

为了更好地应用样式我们不仅可以单独使用样式，还可以对同一个图形使用多种样式，它产生的效果可是意想不到的。当然样式面板里的图形是远远不够的，我们可以单击面板右上方的黑色小三角按钮来进行添加。还可以自己新建样式来运用。总之要想用好图形样式的方法很多，大家只要大胆地运用任何效果和样式都会出乎意料。

 习题与上机练习

1．选择题

（1）按下（　　　）+（　　　）快捷键可以打开图形样式面板。

　　（A）Ctrl、F2　　　（B）Shift、F5　　　（C）Shift、F3　　　（D）Alt、F4

（2）使用（　　　）+（　　　）快捷键可以启动智能参考线命令。

　　（A）Ctrl、F2　　　（B）Shift、U　　　（C）Ctrl、U　　　（D）Alt、F4

（3）创建3D效果时原图形最好使用（　　　）。

　　（A）单色　　　　　（B）渐变颜色　　　（C）图案填充　　　（D）图形样式

（4）使用（　　　）命令可以给对象添加阴影。

　　（A）模糊　　　　　（B）羽化　　　　　（C）阴影　　　　　（D）像素化

（5）使用（　　　）命令可以改变矢量图像形状。

　　（A）涂抹棒　　　　（B）扭曲　　　　　（C）强化边缘　　　（D）像素化

（6）使用（　　　）命令可以把图像进行缩放或旋转模糊。

　　（A）径向模糊　　　（B）扭曲　　　　　（C）高斯模糊　　　（D）羽化

（7）使用（　　　）命令可以给图像添加发光效果。

　　（A）照亮边缘　　　（B）外发光　　　　（C）扩散亮光　　　（D）涂抹棒

（8）"3D效果"命令的子菜单包括（　　　）、旋转和绕转。

　　（A）扩展　　　　　（B）自由扭曲　　　（C）挤压　　　　　（D）凸出和斜角

2．问答题

(1)滤镜和效果里的哪些命令对位图都产生作用?

(2)断开样式链接与不断开有什么区别?

(3)使用什么命令可以把图像转换为 3D 效果?

3．上机练习题

(1) 打开一幅位图图像，使用 "效果" → "画笔描边" 里的命令对图像进行调整。

(2) 绘制一个图形，使用 3D 效果把图形编辑成三维效果。

(3) 绘制一个矢量图形，打开图形样式面板，套用里面的任意一个样式来改变图形。

第10章
综合实例

本章内容

10.1 绘制名片

名片设计为方寸艺术，设计精美的名片让人爱不释手，即使与接受者交往不深，别人也乐于保存。名片设计不同与一般的平面设计，它只有小小的表面设计空间，要想在小小的空间内发挥，难度可想而知。

设计的基本概念就是集合，由字体、标志、插图组合而成，加上黑、白和彩色的支配效果集合，在一个领域发生相互的作用，这个作用就是在一个已知的背景里传达一项讯息，为了使设计不落俗套，应多发挥具有独创性和活力的构想，使设计的名片有别于一般传统的名片，接下来我们为大家介绍两种名片的制作方法。

名片标准尺寸为90mm × 54mm、90mm × 50mm、90mm × 45mm。但是加上出血线，上下左右各2mm，所以制作尺寸必须设定为94mm × 58mm、94mm × 54mm、94mm × 48mm。

10.1.1 企业名片

首先介绍的当然是最常用的企业名片，在前面的章节里我们已经学过如何制作名片，现在我们结合以前所有学习过的知识和自己的想法再来制作一张好看的企业名片。如图10-1所示。

图10-1 企业名片

(1)绘制名片轮廓。选择工具栏里的"矩形工具"□在绘图区的空白处单击鼠标，会弹出一个"矩形"对话框，如图10-2所示。在对话框的"宽度"、"高度"选项里分别输入90、50。单击 确定 按钮后会在画面里生成一个矩形，如图10-3所示。再把这个轮廓描边填充成红色。

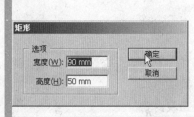

图10-2 矩形对话框

图10-3 绘制名片轮廓

(2)绘制圆形底纹。选择工具栏里的"椭圆工具"○，在矩形上按住Shift+Alt键的同时拖动鼠标绘制一个橙色填充的（M:80、Y:95）正圆，如图10-4所示。选中绘制好的圆形，按住Alt键的同时拖动鼠标再绘制出一个圆形，把它放在如图10-5所示的地方。调整这个圆的大小，然后使用同样的方法，再复制几个圆形并且调整它们的位置和大小，最后调整成如图10-6所示的形状。

图10-4 绘制圆形　　　　　　　　　　图10-5 复制圆形

图10-6 排列圆形

(3)羽化圆形。选中一个圆形，然后按住Shift键再点选其他圆形，把圆形全部选中。再选择菜单栏里的"效果"→"风格化"→"羽化"命令，会弹出一个"羽化"对话框，如图10-7所示。在"羽化半径"选项里输入2，单击 确定 按钮后就会发现圆形全部被羽化了，如图10-8所示。

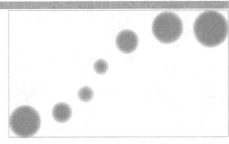

图10-7 羽化对话框　　　　　　　　　　图10-8 羽化全部圆形

(4)输入文字。选择工具栏里的"文字工具" T ，在名片的右半部单击鼠标后输入一个名字，选中输入的文字，再选择菜单栏里"文字"→"字体"命令，选择一个适合的字体，如图10-9所示。

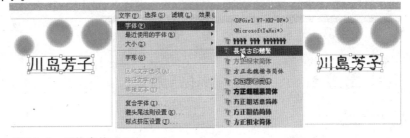

图10-9 更换字体

按照同样的方法把职务、地址、电话等相关信息输入到画面里，文字的字体和大小

图10-10　输入其他文字

都可以按照自己的意愿来设定，如图10-10所示。

(5)绘制标志。在绘制标志的时候，我们要先画一个橙色（M:80、Y:95）的五角星，如图10-11所示。选中该五角星，再选择工具栏里的"旋转扭曲工具"，用鼠标对准五星的其中一个角，然后按住鼠标左键不放，它会自动形成扭曲，感觉扭曲的角度合适了，就放开鼠标，再依次对其他的角进行扭曲，直到把五个角都扭曲成如图10-12所示的样子。

图10-11　橙色五星　　　　图10-12　扭曲五星

(6)调整标志并输入文字。选中扭曲好的标志，把它拖到名片左侧的空白地方，如图10-13所示。再使用"文字工具"在标志的下面输入公司名称和网址，字体和大小可以任意调整，如图10-14所示。

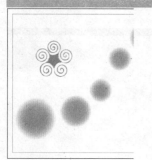

图10-13　拖入标志　　　　图10-14　输入名称

(7)绘制装饰。为了使名片更美观我们再添加一些小装饰品。使用"椭圆工具"在名片的右下方绘制一个橙色填充为（M:80、Y:95）小圆，按住 Alt 键的同时拖动鼠标，把这个圆复制出一排，并按照从小到大来调整，最后排列成如图10-15所示的样子。然后使用"直线工具"在文字的交界处绘制一条橙色的分界线，如图10-16所示。

图10-15　排列圆形　　　　图10-16　绘制直线

(8)最终效果。名片的绘制基本完成了，剩下的工作就是做一下修整，直到满意为止，如图10-17所示。

图10-17 最终效果

10.1.2 个性名片

企业名片的大体制作方法我们都了解了，而现在的年轻人喜欢追求时尚、个性，可能并不喜欢很正规的名片，接下来我们一起研究如何制作一款正反面的个性名片，如图10-18所示。

图10-18 个性名片

(1)绘制名片正面轮廓。使用"矩形工具" 绘制一个宽90、高50的黑色矩形轮廓，如图10-19所示。

(2)绘制装饰图案。使用"钢笔工具" 在画面里绘制一个紫色（C：75、M：100）填充的图形，如图10-20所示。

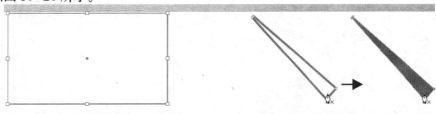

图10-19 绘制矩形轮廓　　　　　图10-20 绘制图形

(3)旋转装饰图案。选中刚才绘制的图形，选择"旋转工具" ，把鼠标放在如图10-21所示的地方，然后按住Alt键的同时单击鼠标左键会弹出"旋转"对话框，如图10-22所示。

图10-21 移动鼠标　　　　　图10-22 旋转对话框

在"角度"选项里输入15，再单击 复制(C) 按钮后就会看到原来的图形按照指定的位置进行了复制旋转，这时鼠标不要单击别处，接着按下Ctrl+D键，图形就会再一次执行刚才的命令，直到把图形旋转复制成一个圆，如图10-23所示。

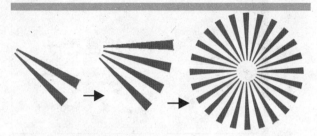

图10-23　选转图形

(4)拉长图形。旋转完后单击"直接选择工具" ，选择其中一个图型，单击并拖拽它的4个锚点，使这个图形比其他的图形要长出一些，如图10-24所示。

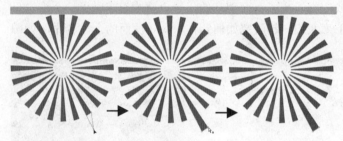

图10-24　拖拽图形

(5)改变透明度。选中绘制好的图形（拉长的图形除外），按下Ctrl+Shift+F10键打开透明度面板，如图10-25所示。在"不透明"选项处输入50，图形就会自动显示改变透明度以后的效果，如图10-26所示。接着我们再选中被拉长的图形，在透明度面板里把"不透明度"选项改成70，就会出现如图10-27所示的效果。

图10-25　透明度面板　　　　图10-26　改变透明度后的图形　　　图10-27　改变透明度

(6)调整图形位置。选中调整好的图形，把它拖到绘制好的矩形轮廓上，如图10-28所示。选择"自由变换工具" ，然后按下Shift+Alt键的同时拖拉鼠标对图形进行等比缩小，如图10-29所示。

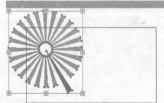 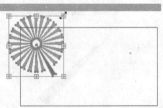

图10-28　拖动图形　　　　　图10-29　等比缩放大小

(7)复制图形。选中图形，按住Alt键的同时拖动鼠标，复制出一个同样的图形，也可以根据需要多复制一些，再把它们拖到矩形的合适位置调大小，如图10-30所示。

(8)更改透明度。为了使图形看起来更有层次感，我们把复制出来的图形调整一下透明度。选中最下面的一组图形，把透明度面板的"不透明度"选项里输入25，再选中该组图形中拉长的图形，把"不透明度"选项改成40，如图10-31所示。

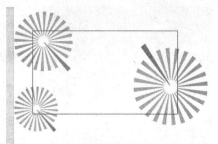

图10-30 复制排列图形

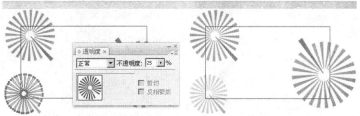

图10-31 更改透明度

按照同样的方法把另一组图形也更改一下透明度，调整好后名片就有了一种层次感，如图10-32所示。

(9)绘制装饰线。选择工具栏里的"钢笔工具"，去掉描边颜色，把填充色设为紫色（C：75、M：100），在名片的下方单击并拖动鼠标绘制出如图10-33所示的曲线。

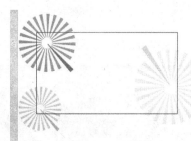

图10-32 完成透明度调整

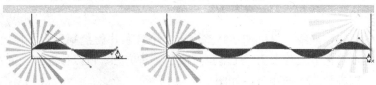

图10-33 绘制装饰线

(10)改变装饰线透明度。选中装饰线，把"不透明度"改成60，如图10-34所示。

(11)输入文字。使用"文字工具"在名片的中心位置单击并输入相关信息，然后选中文字，再选择"自由变换工具"对文字进行旋转，如图10-35所示。

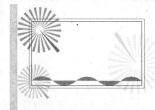

图10-34 改变透明度

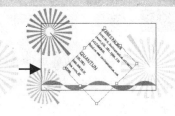

图10-35 旋转文字

图 10-36　背面填充矩形

图 10-37　复制调整图形

图 10-38　改变图形颜色

(12)绘制名片背面。和绘制正面的方法是一样的，绘制一个宽90、高50、填充色为紫色（C：75、M：100），描边为无的矩形，如图10-36所示。

(13)复制图形。把刚才绘制好的旋转图形复制两组放到矩形的上面，使用"自由变换工具" 对它们进行一下大小和位置的调整，如图10-37所示。

(14)改变图形颜色。使用"直接选择工具" 选择图形中较长的两个图形，按下F6键打开颜色面板，把填充色调整成白色，如图10-38所示。

(15)输入文字。为了增强文字的立体感，我们先输入填充色为白色的文字，再使用"自由变换工具" 旋转成如图10-39所示的位置。调整好后按照同样的方法再次输入这组文字。

把文字的填充色改为紫色（C：75、M：100），然后把紫色的文字压到白色字的上方并错开一点，就会出现立体的效果，如图10-40所示。

图 10-39　旋转文字

图 10-40　文字效果

(16)最终效果。稍作修整后这个个性名片就绘制完毕了！大家想绘制个性的名片还是要自己开发想象力，这里只是概括一种方法，可以按照自己的意愿来绘制想要的名片，绘制方法都大同小异，如图10-41所示。

图 10-41　名片正反面最终效果

10.2　苹果 iPhone 手机海报

现在大街小巷随处可见各种各样的手机海报，现在我们就来学习如何给苹果公司推出的 3G 手机制作一幅如图10-42所示的海报。

(1)绘制黑色底图。新建一个文档，把文档名称改为 iPhone，单击 ▭确定▭ 按钮后，就会生成一个新文档。再选择"矩形工具"▭在画面里绘制一个宽 210、高 297，填充色为黑色的矩形，如图 10-43 所示。

图 10-42　苹果 iPhone 手机海报　　　　　　图 10-43　黑色矩形底图

(2)绘制底纹。使用"钢笔工具"▭在黑色矩形上勾勒出几条类似柳枝的路径，如图 10-44 所示。并把填充色调整成紫色（C：80、M：74），如图 10-45 所示。选中枝条后单击"镜像工具"▭，把鼠标放在枝条的一个锚点上按下 Alt 键的同时单击鼠标，会弹出"镜像"对话框，按照如图 10-46 所示设置参数，然后单击 ▭复制(C)▭ 按钮，枝条就会被复制一条出来，这时再把复制出来的枝条拖到海报的右下角，如图 10-47 所示。

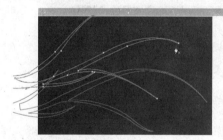 

图 10-44　枝条路径　　　　　　　　　　　图 10-45　填充枝条

图 10-46　镜像图形　　　　　　　　　　图 10-47　移动位置

(3)更改底纹设置。选中图中的三组枝条，按下 Ctrl+Shift+F10 快捷键打开透明度面板，在"不透明度"选项里输入 65，如图 10-48 所示。再选中枝条，选择"效果"→"风格化"→"羽化"命令，在弹出的"羽化"对话框里设置羽化半径为 1，单击 ▭确定▭

按钮后枝条就会出现被羽化的效果，如图 10-49 所示。

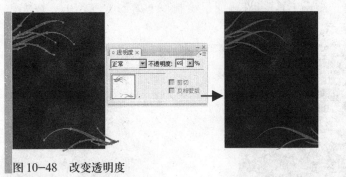 

图 10-48　改变透明度　　　　　　　　　　　　　　　　　　图 10-49　羽化效果

(4)绘制花朵。使用"钢笔工具" 在画面里绘制一个填充色为红色的花瓣，如图 10-50 所示。选中该花瓣，再选择"旋转工具" ，按下 Alt 键的同时用鼠标单击花瓣的尖角，会弹出"旋转"对话框，在"角度"选项里输入 90 后单击 按钮，花瓣就会复制出来，接着按下 Ctrl+D 快捷键再次执行旋转命令，直到旋转出 4 个花瓣，如图 10-51 所示。选中这 4 个花瓣，按住 Alt 键拖动鼠标复制，复制好后选择"自由变换工具" ，按住 Shift+Alt 键的同时并拖拉鼠标，把花瓣等比放大，然后按下 F6 键打开颜色面板，把添充色改成白色，如图 10-52 所示。接着把白色的花瓣拖放到红色花瓣上面，单击鼠标右键选择"排列"→"后移一层"命令，如果没后移的话就再多单击几次，直到把它移到红花瓣后面，如图 10-53 所示。

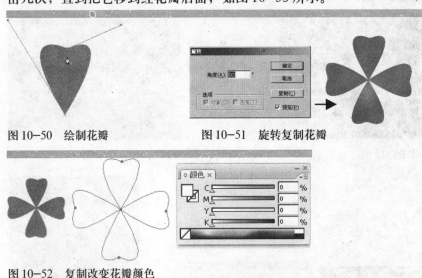

图 10-50　绘制花瓣　　　　　　图 10-51　旋转复制花瓣

图 10-52　复制改变花瓣颜色

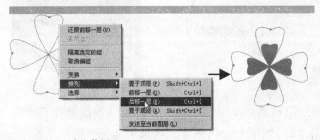

图 10-53　后移花瓣

(5)复制多个花朵。全选中绘制好的花朵,按住 Alt 键的同时拖动鼠标,复制出 10 个花朵。依次选中每个花朵的"花心"把它们按照自己的喜好都调整一下填充色,如图 10-54 所示。

(6)羽化花朵。选中所有花朵,再选择"效果"→"风格化"→"羽化"命令,在弹出的"羽化"对话框里设置羽化半径为 2,单击 确定 按钮如图 10-55 所示。

(7)调整花朵位置。花朵的效果都制作好了,调整一下他们的大小和位置,按照如图 10-56 所示来排放花朵。

图 10-54 复制花朵

图 10-55 羽化花朵

图 10-56 调整花朵位置

(8)导入地图素材文件。打开配套光盘"素材"文件夹中的"1005.ai"图形文件,如图 10-57 所示。选中该图形后按下 Ctrl+C 键复制并粘贴到"iPhone"文档中,并把填充色改为灰色(K:43),如图 10-58 所示。

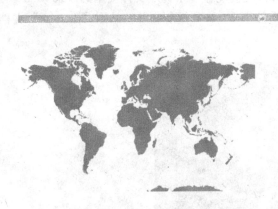

图 10-57 地图素材

图 10-58 拖入素材

(9)导入投影手机素材。打开配套光盘"素材"文件夹中的"1004.ai"图形文件,如图 10-59 所示。选中该图形后按下 Ctrl+C 键复制并粘贴到"iPhone"文档中,把它放到如图 10-60 所示的地方。

图 10-59　投影手机素材　　　图 10-60　拖入素材

(10)导入立体手机素材。打开配套光盘"素材"文件夹中的"1003.ai"图形文件，如图 10-61 所示。选中该图形后按下 Ctrl+C 键复制并粘贴到"iPhone"文档中，把它放到如图 10-62 所示的地方。

图 10-61　立体手机素材　　　图 10-62　拖入素材

(11)导入旋转手机素材。打开配套光盘"素材"文件夹中的"1006.ai"图形文件，如图 10-63 所示。选中该图形后按下 Ctrl+C 键复制并粘贴到"iPhone"文档中，把它放到如图 10-64 所示的地方。

图 10-63　旋转手机素材　　　图 10-64　拖入素材

(12)编辑文字。选择"文字工具"，在海报上如图 10-65 所示的位置输入"苹果iphone3G 手机"。选中该文字，再选择"文字"→"创建轮廓"命令，文字就会被转换成图形。按下Ctrl+F9键打开渐变面板，把第一个颜色块调整成白色，第二个颜色块调整成蓝色（C:45、M:21、K:64），再使用"渐变工具"▦在文字里从下往上拖拉，就会给文字添加上渐变色，如图10-66所示。

图10-65 输入文字　　　　图10-66 添加渐变色

接着再输入另一组文字，使用"文字工具"▦输入"2008年7月11日全球同步上市"，选中该文字，再选择"文字"→"创建轮廓"命令，文字就会被转换成图形，按下Ctrl+F9键打开渐变面板把第一个颜色块调整成白色，第二个颜色块调整成黄色，再使用"渐变工具"▦在文字里从下往上拖动鼠标，如图10-67所示。

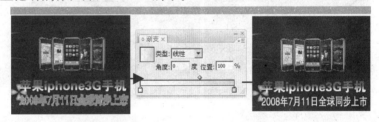

图10-67 添加渐变色

选中刚才绘制好的文字，再选择"镜像工具"⧉，按住Alt键的同时在文字底部单击鼠标，会弹出"镜像"对话框，按照如图10-68所示的参数设置，再单击 复制(C) 按钮，就会出现如图10-69所示的效果。选中镜像出来的文字，再打开渐变面板，把第一个颜色块调整成黑色，第二个颜色块调整成黄色，使用"渐变工具"▦从下向上拖拉鼠标，就会出现渐隐的效果，如图10-70所示。

图10-68 镜像对话框　　　　图10-69 镜像效果

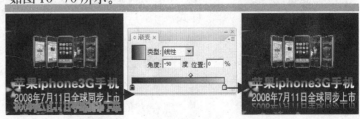

图10-70 添加渐变

(13)输入其他文字。选择"文字工具" T ，在海报的右边输入手机的英文相关信息，把文字的颜色调整成白色，如图10-71所示。再使用"圆角矩形工具" 绘制一个描边为白色的矩形，放在开头的文字上加强装饰性，如图10-72所示。

图10-71 输入文字

图10-72 绘制圆角矩形

使用"文字工具" T 在海报的左边输入"iphone3G支持中文手写输入"，选中文字后，选择"文字"→"创建轮廓"命令，把文字转换成图形，再把文字的填充色调成红色，描边颜色调成白色，如图10-73所示。然后再使用"文字工具" T 在红色字的下面输入手机的中文相关信息，调整填充色为白色，描边为无，如图10-74所示。

(14)调整海报。绘制一个填充色为白色的矩形，把它盖在海报边缘处，来遮挡多余的部分，如图10-75所示。

图10-73 填充字体颜色

图10-74 输入文字

图10-75 调整海报

图10-76 最终效果

(15)最终效果。一个"大工程"终于完成了，怎么样，是不是很有成就感？下面来看看我们的成果吧，如图10-76所示。知道了海报的制作方法，大家也可以自己创意喜欢的海报样式。

10.3 礼盒包装

现在人们生活水平都提高了，过年过节时也都会给亲朋好友送些礼品，表达自己的心意。看到琳琅满目的产品包装是不是有些眼花缭乱呀！呵呵，其实大家学习了Illustrator CS3以后，也可以自己制作产品的包装。现在我们就以中秋节为题，制作一个月饼礼盒的外包装，如图10-77所示。

(1)绘制矩形。新建一个文档，把文档名称改为"包装"，单击 确定 按钮，就会生成一个新文档。选择"矩形工具" ，在画面里绘制一个边长为200的正方形，如图10-78所示。

图10-77 效果

(2)填充矩形。选中矩形并打开渐变面板，把第一个颜色块调成红色，第二个颜色块调成黑色，把渐变条上方的滑块往右拖动一些，再使用"渐变工具" 在图形里从右往左拖动鼠标，就会给矩形填充上渐变色，如图10-79所示。

图10-78 绘制矩形　　　　　图10-79 填充渐变

(3)绘制圆形。在文档的图层面板里新建一个图层2，选中该层并使用"椭圆工具" 在矩形上绘制一个白色的正圆，如图10-80所示。

(4)导入嫦娥素材文件。打开配套光盘"素材"文件夹中的"1007.ai"图形文件，选中该图形后按下Ctrl+C键复制并粘贴到"包装"文档中的图层2里，把素材拖到圆形的下方，如图10-81所示。

(5)建立剪切蒙版。选中图层2里的圆形和素材图形，单击图层面板下方的"建立剪切蒙版" 按钮，图形就会生成蒙版效果，如图10-82所示。

图10-80 绘制圆形

图10-81 导入素材　　　　　图10-82 建立剪切蒙版

(6)新建图层。打开图层面板，单击选择图层1，然后单击"新建图层" 按钮，就会在图层1上面新建一个图层3，如图10-83所示。

(7)绘制圆形。选中图层3,然后使用"椭圆工具" 在"嫦娥"的位置处绘制一个填充色为白色的正圆,如图10-84所示。

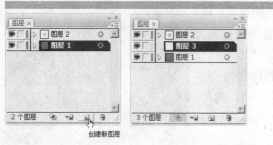

图10-83　新建图层3　　　　　　　　　　　　　图10-84　绘制圆形

(8)羽化圆形。选中白色的圆形,再选择"对象"→"风格化"→"羽化"命令,在"羽化"对话框里设置羽化半径为10,如图10-85所示。单击 确定 按钮后圆形就被羽化了,如图10-86所示。

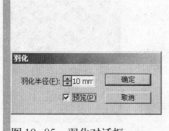

图10-85　羽化对话框　　　　　　　图10-86　羽化圆形

(9)导入叶子素材。打开配套光盘"素材"文件夹中的"1008.ai"图形文件,选中该图形,按下Ctrl+C键复制并粘贴到"包装"文档中的图层3里,把它排列在圆形的后面,如图10-87所示。

图10-87　排列素材

(10)绘制枝条。使用"钢笔工具" 在包装的左下方绘制几个枝条的路径,把添充色调成墨绿色(C:7、M:10、Y:46、K:46),如图10-88所示。

图10-88　绘制枝条

（11）复制枝条。全选中绘制好的枝条，按下 Ctrl+D 键把枝条编成组，然后按住 Alt 键拖动枝条，复制出一组枝条，把这组枝条旋转并调整到如图 10-89 所示的位置。

（12）绘制云朵。使用"钢笔工具"，在图层 3 里勾勒几朵白色的浮云，如图 10-90 所示。

图 10-89　复制枝条　　　　　　　图 10-90　绘制浮云

（13）改变透明度。选中每朵浮云，对它们进行透明度的更改。不要把透明度都设成一样的数值，要尽量让云朵有层次的感觉，如图 10-91 所示。接着再把这些云朵放到"嫦娥"的周围，给人一种在天上的感觉，如图 10-92 所示。

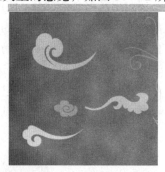
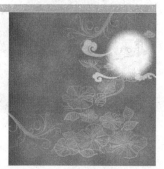

图 10-91　改变透明度　　　　　　图 10-92　摆放云朵

（14）输入文字。选择"直排文字工具"，在画面里输入"秋月"两个字，调整好字体和大小后，把文字拖到包装的左半边，如图 10-93 所示。

（15）填充文字颜色。选中输入的文字，再选择"文字"→"创建轮廓"命令，文字就会被转换成图形。打开渐变面板，把第一个颜色块调成橙色（M:72、Y:100），第二个颜色块调整成黑色，再使用"渐变"命令在文字里从左向右拖拉鼠标，就会给文字添上渐变色，如图 10-94 所示。

图 10-93　输入文字

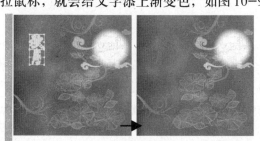

图 10-94　给文字添加渐变色

(16)给文字添加投影效果。选中文字再选择"效果"→"风格化"→"投影"命令，在弹出的"投影"对话框里，按照如图10-95所示的选项进行调整。调整后单击 确定 按钮，文字就会出现投影效果，如图10-96所示。

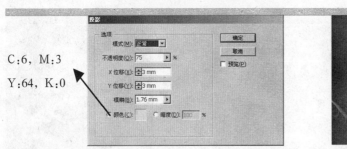

C:6, M:3
Y:64, K:0

图10-95　投影对话框

图10-96　投影效果

图10-97　输入诗句

(17)输入诗句。使用"直排文字工具" T 在"秋月"的右下方输入一首诗，最好使用和中秋有关的诗。输入后把文字的填充色调成白色，这样更醒目，如图10-97所示。

(18)遮挡多余部分。使用"矩形工具" 绘制一个填充色为白色，描边为无的矩形，把它盖到多出画面的枝条上，如图10-98所示。

(19)最终效果。呵呵，这个月饼包装终于完工了，如图10-99所示，看着这包装是不是已经开始遐想里面的月饼是什么样的了？这就是制作包装的全过程了，你学会了吗？

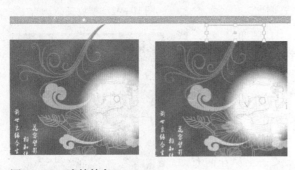

图10-98　遮挡枝条

图10-99　最终效果

10.4　制作奥运海报

2008年北京奥运会是一场中国人举办的世界盛会，虽然已经圆满落幕，但我们还是来画一张海报重温一下吧。海报主要色调是充满激情的红色和黄色，效果如图10-100所示。

图 10-100　最总效果展示

（1）新建一个"300×210"的 CMYK 文档，如图 10-101 所示。

（2）创建背景。单击"矩形工具" ▣ ，在文档内创建"３００×２１０"的矩形，在变换面板中调整其与画布对齐的 X 值为 0，Y 值为 210，如图 10-102 所示。

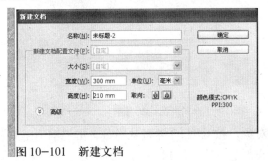

图 10-101　新建文档

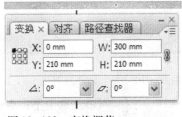

图 10-102　变换调节

（3）填充渐变色。单击"渐变工具" ▣ ，在渐变色面板中为矩形填充红色到黄色的径向渐变色，透明度调整为 70%，如图 10-103 所示。填充效果如图 10-104 所示。

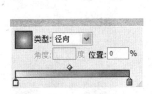

图 10-103　渐变填充

图 10-104　填充效果

（4）绘制背景线条。用"钢笔工具" ▣ 绘出如图 10-105 所示的梯形，并填充白色，修改透明度为 30%，如图 10-106 所示。

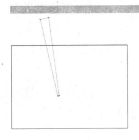

图 10-105　梯形绘制

图 10-106　填充梯形

(5)旋转并复制。选中绘制的梯形，单击"旋转工具" ，按住 Alt 键在大约旋转中心点的位置单击鼠标左键，打开"旋转"对话框，设置"角度"为15，单击 复制(C) 按钮。然后按下 Ctrl+D 键。再复制出其他梯形，如图 10-107 所示。

图 10-107　旋转完成效果

(6)绘制主标题框。在如图 10-108 的位置绘制矩形框（宽：145、高：90），并填充白色，羽化值为20像素。在上面再绘制一个矩形框（宽：115、高：65）填充色为红色，羽化值为 3 像素，完成后如图 10-109 所示。

图 10-108　绘制矩形并羽化

图 10-109　再次绘制并羽化

(7)绘制飘带。选中不需要操作的对象，按 Ctrl+3 键将其隐藏，用"钢笔工具" 绘制如图 10-110 所示的飘带图形，并填充颜色（C：27、M：81），透明度为然后绘制另一条飘带填充颜色（C：87、M：80），如图 10-111 所示。

图 10-110　绘制飘带

图 10-111　另一条飘带

(8)羽化飘带。选中下面的飘带，按住 Alt 键向下拖动并复制，把复制出的对象的透明度调成80%，然后选中下层原飘带，选择"效果"→"风格化"→"羽化"命令，设置羽化值为 3 像素。同理，将紫色飘带向上拖动复制，并执行相同操作，这样可以使飘带看起来更柔和些，效果如图 10-112 所示。

(9)绘制火焰图形。用"钢笔工具" 绘制如下形状，这里没有什么技巧，只能耐心地绘制了，画的时候想着火焰的形状，如图 10-113 所示。

图10-112　飘带最终效果　　　　　　图10-113　绘制火焰形状

(10)填充火焰颜色。选中一簇火焰，单击"渐变工具" ，填充红色到黄色的线性渐变，如图10-114所示。同样填充其他火焰图形，如图10-115所示。

图10-114　渐变填充　　　　　　　图10-115　填充完成后效果

(11)绘制火焰阴影。选中火焰后，同飘带一样按住Alt键拖动复制一层，然后选中下面一层，选择"效果"→"风格化"→"羽化"命令，设置羽化像素为3，填充颜色（C:0、M:100、Y:100、K:50）。效果如图10-116所示。

(12)绘制云朵的。用"钢笔工具" 绘制出大致的云的轮廓，如图10-117所示。

图10-116　完成后火焰

图10-117　绘制云轮廓

(13)修改云形状。双击"旋转扭曲工具" 。在打开的面板中调节其参数，如图10-118所示。然后在云团上轻轻按下至适合为止，如图10-119所示。然后分别扭曲其他云团，如图10-120所示。

图10-118　参数

图 10-119　扭曲工具的使用

图 10-120　扭曲效果

图 10-121　云完成后效果

(14)羽化。按住Alt拖动复制出一个对象，对下面的云朵执行"羽化"命令，羽化值为5像素，对上面的对象调整其透明度为40%，完成后效果如图10-121所示。

(15)添加素材。打开配套光盘"素材"文件夹中的1010.ai图形文件，拖放到文档中。该图形文件是位图，将其对齐文档后，单击鼠标右键，选择"排列"→"置于底层"命令，如图10-122所示，按Ctrl+2键锁定，完成后效果如图10-123所示。

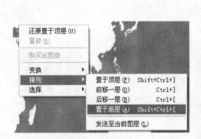

图 10-122　排列变换

图 10-123　素材效果

(16)添加素材。打开配套光盘中的"素材"文件夹中的1009.ai图形文件，拖放到文档的中央位置，然后按住Alt键拖动复制下层，执行羽化命令，设置羽化值为1像素，上层透明度调整为70%，把排列次序调整好，如图10-124所示。

(17)输入标题。单击"文字工具" T，输入"激情中国　点燃世界"文字，这里用的是方正超粗简体，字体大小为70pt，如图10-125所示。

图 10-124　素材效果

图 10-125　主题文字

(18)完善标题。按住 Alt 键的同时拖动复制主题文字，把上层文字的颜色修改为黄色，使其看起来更有立体感，如图 10-126 所示。

(19)添加其他文字。在海报的左上方书写要宣传内容，以及主办方联系方式等等。最终效果如图 10-127 所示。

图 10-126　字体效果　　　　　　　图 10-127　实例效果

10.5　设计牙膏包装

现在我们讲述如何用 Illustrator CS3 制作新潮的牙膏包装，如图 10-128 所示。展开效果如图 10-129 所示。

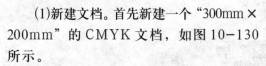
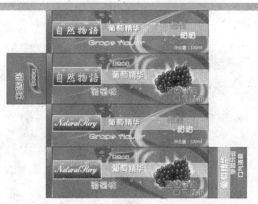

图 10-128　效果图　　　　　　　　图 10-129　展开效果

(1)新建文档。首先新建一个"300mm×200mm"的 CMYK 文档，如图 10-130所示。

(2)绘制牙膏包装的正面。单击"矩形工具"，新建一个宽165、高50的矩形，并填充紫色(C:32、M:58、Y:0、K:0)，如图10-131所示。

图 10-130　新建

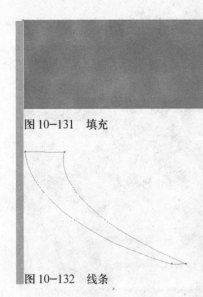

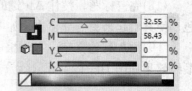

图10-131 填充

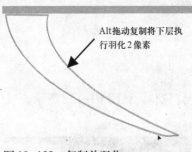

图10-132 线条

(3)绘制底纹线条。用"钢笔工具" 绘制如图10-132所示的形状，填充颜色（C：38、M：85、Y：0、K：0）。

按住Alt键拖动复制一个，选中下层对象，选择"效果→风格化→羽化"命令，设置羽化值为2像素，如图10-133所示。然后将上层对象的透明度改为53%，这样可以使线条看起来更圆润，如图10-134所示。

Alt拖动复制将下层执
行羽化2像素

图10-133 复制并羽化　　　　　图10-134 线条效果

(4)绘制其他线条。以同样方法绘制其他线条，填充色为白色，羽化值适当降低1.5或1。完成后如图10-135所示。

图10-135 绘制其他线条

(5)绘制矩形。在矩形的一边上绘制两个小的矩形（50×5，50×1），并填充线性渐变色，如图10-136所示。

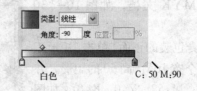

两个填充线性
渐变的矩形

图10-136 绘制矩形并填充渐变

(6)名称的创建。在如图10-137所示的位置绘制一个矩形（高：18，宽：49），设置白色描2像素，填充渐变色。然后输入文字（白色），设置黄色描边1像素，字体可以自选，这里用的是长城行书繁体，如图10-137所示。

（7）主题条幅的绘制。绘制矩形（高：14，宽：109），填充色为黄色，白色描边1像素。输入"葡萄精华"四个字，并按住Alt键拖动复制一个，使其形成立体效果，上面的字为白色，下面的为紫色，如图10-138所示。

图10-137 名称创建

图10-138 烛体条幅

（8）绘制牙膏状点缀。用"钢笔工具"绘制出类似挤出的牙膏形状，如图10-139所示，填充白色，双击"缩放工具"缩放90%并复制，如图10-140所示。缩放后填充紫色，然后同时选中两个图形，选择"效果→风格化→羽化"命令，效果如图10-141所示，最后在上面加上"天然水果"四个字，完成后如图10-142所示。将其群组，放在"葡萄精华"四字的上面。

图10-139 形状、

图10-140 缩放

图10-141 羽化填充

图10-142 添加字

（9）摆放素材。打开配套光盘，在"素材"文件夹里找到1001.ai和1002.ai两个图形文件，将其打开并拖放到当前文件上，效果如图10-143所示。

（10）绘制葡萄背景。先选中葡萄图形，按Ctrl+2键锁定，用"钢笔工具"

图10-143 添加素材

按图10-144所示绘制出背景，然后选择"效果→风格化→羽化"命令，设置羽化半径为2像素。

（11）输入其他文字。按如图10-145所示输入文字牙膏盒的正面就算完成了。

图10-144 葡萄背景

图10-145 正面效果

（12）制作其他面。全部选中绘制好的牙膏盒正面图形，按住Alt键向下移动选中的图形，进行复制。以同样的方法，共复制出3个副本图形，并排列好这三个面，接下来

图 10-146　复制出其他面

就是发挥创意的时间了，对每个面做出不同的修改，比如底纹、文字等，如图 10-146 所示。

(13)制作牙膏的开口面，单击"矩形工具"，创建一个宽 40、高 50 的矩形，颜色跟其他的背景色一样，接下来按图 10-129 所示摆放文字和图片，总的平面效果图就出来了。

(14)制作立体效果。立体效果只需要三个面，所以我们选图 10-146 中的上两个面和一副侧面的图案，选中所有葡萄图案按 Ctrl+2 键锁定，不群组位图，再把上两个面和侧面图案分别群组，如图 10-147、10-148、10-149 所示。

图 10-147　群组

图 10-148　群组

图 10-149　群组

(15)选中图案 10-147，打开视图菜单下的符号面板，单击右上角的小三角选择"新建符号"命令，弹出"符号选项"对话框，把名称命名为"1"后单击 确定 按钮，如图 10-150 所示。图案 10-148 以同样的方法制作成符号，命名为"2"。图案 10-149 要旋转 90°，再制作成符号，命名"3"，如图 10-151 所示。

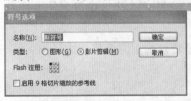

图 10-150　新建符号

旋转90°后添加为符号

图 10-151　添加符号

(16)制作立方效果。创建一个宽 135，高 50 的矩形并对其执行 3D 凸出和斜角命令。

图 10-152　立方效果

如图 10-152 所示。选择"效果"→"3D"→"凸出和斜角"命令，弹出"3D 凸出和斜角选项"对话框，如图 10-153 所示，按照图中参数设置，突出厚度为 100pt，其他默认不变，然后单击"贴图"按钮打开"贴图"对话框，为 1/16 面贴图 1，如图 10-154 所示，然后分别为 14/16 面贴图 2，为 15/16 面贴图 3，最后单击 确定按钮，最终立体效果图如图10-155所示，然后把位图葡萄素材摆放到白色区域，如图10-156所示。

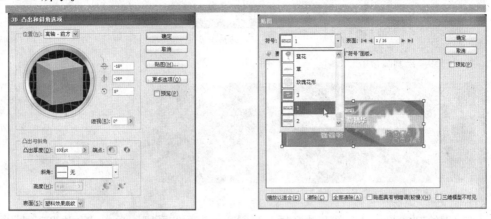

图10-153 凸出斜角参数　　　　　　　图10-154 贴图

图10-155 立体效果　　　　　　　图10-156 最总效果

10.6 绘制圣诞礼物图片

在圣诞节送什么礼物给朋友好呢？礼物不在贵重，关键是用心、独特，呵呵，如图10-157所示，让我们赶快动手制作吧。

图10-157 礼物图片

(1)新建文档。新建一个宽290、高220的RGB文档，如图10-158所示。

(2)绘制背景。首先绘制一个圆角矩形作为图片的背景，参数如图10-159所示。接着填充颜色，在打开的渐变色面板中调整颜色值如图10-160所示，填充效果如图10-161所示。

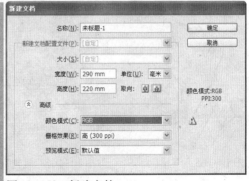

图10-158 新建文档

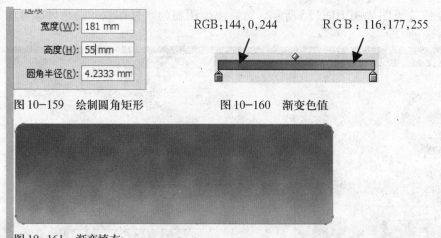

宽度(<u>W</u>): 181 mm

高度(<u>H</u>): 55 mm

圆角半径(<u>R</u>): 4.2333 mm

图 10-159　绘制圆角矩形　　　　图 10-160　渐变色值

RGB:144, 0, 244　　　　RGB:116,177,255

图 10-161　渐变填充

(3) 绘制雪花。这个就有些麻烦，我们一起来耐心画吧。单击"多边形工具" ◎，绘制一个半径为 21 的六边形，如图 10-162 所示。双击"比例缩放工具" ◎，设置缩放比例依次为 75%、65%、55%，缩放并复制出三个六边形，如图 10-163 所示。

(4) 绘制雪花。选中最外面两个六边形，在路径查找器面板中单击"与形状区域相减" ◻ 按钮，然后单击 扩展 按钮，使其成为一个六边环形，如图 10-164 所示。

图 10-162　绘制六边形　　　图 10-163　缩放复制六边形　　　图 10-164　结合成环形

(5) 绘制雪花。现在来绘制雪花一角，对里面的两个六边形执行相同的操作，使其结合成六边环形。拖出参考线在六边形一脚上绘制如图 10-165 所示的图形。选择"旋转工具" ◎，旋转 60° 并复制，注意旋转中心点，按 Ctrl+D 键 4 次复制出其他图形，如图 10-166 所示。

(6) 绘制雪花。选中所有雪花零件，单击路径查找器面板中的"与形状区域相加"按钮 ◻，并单击 扩展 按钮，一个雪花绘制完成了，如图 10-167 所示。

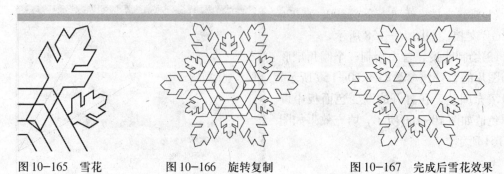

图 10-165　雪花　　　　图 10-166　旋转复制　　　　图 10-167　完成后雪花效果

(7)接下来绘制如图10-168所示的蜡烛。先绘制火焰，用"钢笔工具" ✎ 先勾勒出火焰路径，然后对其执行缩放复制命令复制出烛心焰，缩放比例约量调整，如图10-169所示。

(8)绘制蜡烛的其他部分。用"钢笔工具" ✎ 绘制出烛心、烛体、烛油，如图10-170所示。

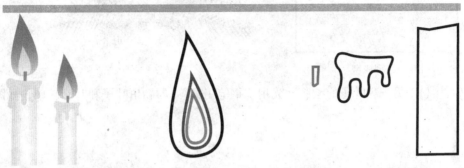

图10-168 蜡烛   图10-169 烛焰缩放   图10-170 蜡烛其他部分

(9)组合并上色。把蜡烛部件组合好后选中烛焰，填充由红到黄的线性渐变色如图10-171所示，然后填充烛焰的焰心为黄色，再为烛油填充颜色（R:204、G:234、B:244）。为烛体填充渐变色（R:204、G:234、B:244到白色的线性渐变），如图10-171所示。最后把各部分组合，效果如图10-172所示。

图10-171 烛焰和烛体的渐变

(10)绘制蜡烛下面的叶子。依然是用"钢笔工具" ✎，在Illustrator CS3等矢量软件中钢笔工具都很重要，练好钢笔工具就像现实中写一手好字一样。首先，用"钢笔工具" ✎ 绘出叶子的一端，如图10-173所示。

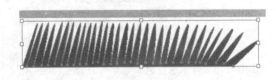

图10-172 完成蜡烛   图10-173 叶子一端

然后用"镜像工具" ◹ 水平镜像出叶子的另一半，如图10-174所示。并用"钢笔工具" ✎ 绘制出叶柄，如图10-175所示。然后全部选中图形，在路径查找器面板中单击"与形状区相加" ◲ 并"扩展"使之成为一个整体。

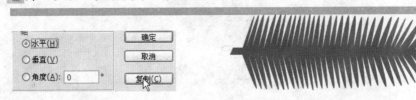

图10-174 镜像复制   图10-175 扩展为整体

(11)排列叶子并上色。依照上图，多绘制几种形状的叶子，并填充深绿色渐变，然后旋转复制，排列形状，如图 10-176 所示。

图 10-176　排列成型

(12)另一种叶子的绘制。先用"钢笔工具" 勾勒出叶子和叶脉轮廓，如图 10-177 所示。

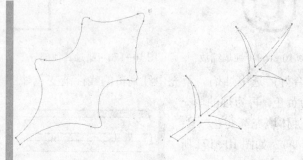

图 10-177　叶子与叶脉的轮廓

再为叶子填充绿色到淡绿色的渐变，叶脉为深绿色（C:83、M:45、Y:100、K:7），参数如图 10-178 所示，填充效果如图 10-179 所示。

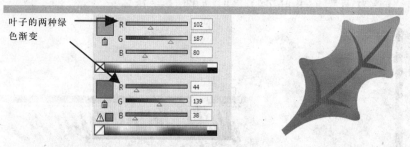

图 10-178　叶子渐变色　　　　　　　　　图 10-179　填充效果

把叶子、叶脉选中并群组，不断拖动并复制、旋转，排列成如图 10-180 所示的植物效果。

图 10-180　植物效果

(13)绘制红色果实。红色的果实为一个大圆和两个小圆的组合，单击"椭圆工具" 绘制出如图10-181所示的三个圆形。

把大小圆形去除描边并摆放到一起，给大圆填充红色，一个红彤彤的果实就出来了，如图10-182所示。再把果实选中，按下Ctrl+G键组合对象，然后按Alt键拖动并复制，最后跟叶子组合，如图10-183所示。

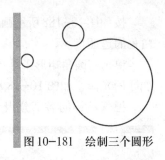

图10-181 绘制三个圆形

图10-182 完成后果实

图10-183 完成植物

(14)把植物及蜡烛组合。把蜡烛复制一根适度缩放，然后和植物组合起来排列好先后顺序，最后按Ctrl+G键组合对象，效果如图10-184所示。

(15)绘制气球球体。绘制气球的重点是表达球体的明暗以及阴影效果，首先绘制圆形并填充径向渐变，如图10-185所示。

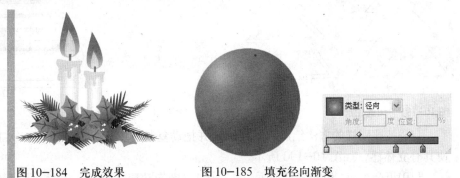

图10-184 完成效果

图10-185 填充径向渐变

然后绘制气球高光，画出椭圆形的高光部分并填充红色到白色的线性渐变，修改不透明度为75%，如图10-186所示。

(16)绘制气球柄。使用"钢笔工具" 按照如图10-187所示绘制气球柄和装饰图案并填充颜色（气球柄M:96、Y:94）；装饰图案（C:7、M:26、Y:88、K:30），按住Alt键拖动装饰图案复制一个副本图形，填充颜色（C:50、M:100、Y:100、K:30），然后近下Ctrl+[键后移一层，使其看起来有立体感。

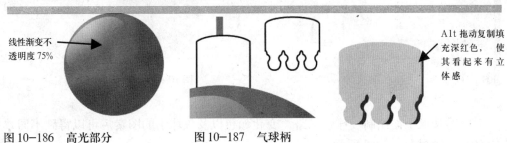

图10-186 高光部分

图10-187 气球柄

按如图 10-188 所示画出球柄处的高光部分，先画出椭圆形，然后由内向外依次提高白色的透明度。

单击"圆角矩形工具" ，在两侧绘两个矩形，然后填充白色到红色的线性渐变，添加球柄光泽，如图 10-189 所示。

把气球柄的各部分组合到一起，并群组组合气球柄，效果如图 10-190 所示。

图 10-188　添加高光　　　　图 10-189　添加光泽　　　　图 10-190　效果

(17)绘制气球上的图案。先用"钢笔工具" 画出圣诞树的外轮廓图案然后再勾出内轮廓，如图 10-191 所示。

选中两个轮廓，在路径查找器面板里单击"与形状区域相减" 按钮，并单击 扩展 按钮，使其成为整体，在渐变面板中为树添加如图 10-192 所示的渐变色。

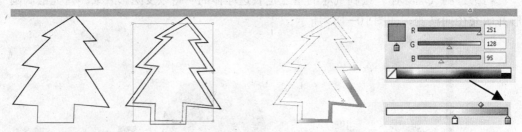

图 10-191　树的轮廓　　　　　　　　图 10-192　渐变添加

(18)按照同样的方法绘制出其他的树并拖动复制，填充深色(R:177、G:11、B:11)，使其有立体感，如图 10-193 所示。

(19)组合效果。组合各部分后，再次按Alt键拖动球体复制出阴影（阴影颜色R:204、G:102、B:53），最后效果如图 10-194 所示。

图 10-193　　　　　　　　　　　图 10-194　气球效果

(20)按照上面绘制气球的思路，变化颜色以及气球上的图案后可以得到不同效果的气球，如图 10-195 所示。

(21)添加蜡烛光晕和背景点缀。仔细观察会发现闪着光的星星和蜡烛光晕很类似，只是大小不同，画起来也很简单，先画正方形，然后拉出辅助线在四条边上添加点，用"直接选择工具"拖动点，如图10-196所示，最终得到四角星形状。

变换创意，就可以针对四角星变换出很多造型不同的星星了，如图10-197所示。

图10-195　不同效果的气球

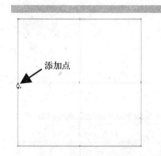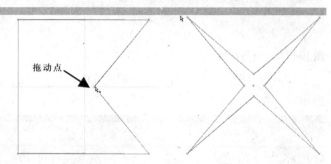

图10-196　绘制四角星

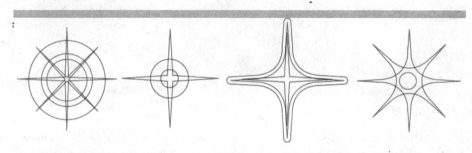

图10-197　其他星星

(22)绘制五星吊坠。单击"五角星工具"，绘制一个五角星，然后选择"路径→风格化→圆角"命令，度数视五角星大小定，效果如图10-198所示。

双击"比例缩放工具"设置缩放比例为70%，单击复制(C)按钮，按Ctrl+D键再复制一个，填充白色，并以此提高透明度。最后画一个长条矩形作为吊线，效果如图10-199所示。

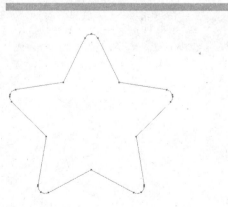

图10-198　圆角五角星　　　　　　图10-199　星星吊坠

(23)填充所有星型装饰及雪花。填充都设为白色，边框取消，并根据需要设置不同透明度，然后在背景上摆放好，如图 10-200 所示。

图 10-200　背景摆放

(24)组合图形。组合各部分，把图片的各部分都摆放好，注意前后层次，如图 10-201 所示。

图 10-201　组合摆放各部分

在图片上注上主题文字"Merry Christmas"，这里用的字体是"Commercial Script BT"，并对文字使用图层样式库中的霓虹效果，最终效果如图 10-202 所示。

图 10-202　最终效果图

疑问及技巧检索